優渥叢書

優渥叢書

優渥

大腦習慣

正能量思考

Sort Out Your Life by Lists

透過華盛頓州立大學的5堂人際關係課，
解決你「焦慮」的最強武器！

全球潛能大師 **高原**◎著

目次

第二課 管理「情緒資料庫」，是打敗焦慮的最強武器　059

第三課 建立「大數據社交模型」，有效處理人際關係

第四課　幸福也可以統計！

第五課　訂出「每日作息」，你就不再瑣事煩身　159

附錄

推薦序

用清單管理工作和生活，讓你如獲至寶！

《翻身吧！我的溝通力》作者、知名企業講師　莊舒涵（卡姊）

我是個工作與非工作時，性格和行為非常迥異的人。

工作時常常渾身是勁，用滿滿的正能量影響課程學員與共事夥伴，然而生活中的我有點像生活白痴，常讓長輩看不過去。直到看了這本書，我才終於找到原因。

工作時，我的性格大多偏向理性思維、井然有序，記事本記載工作中的所有待辦事項。在設計課程講義前會拿起計畫本，根據需求目的和對象，依照時間順序規劃當日的課程架構與時間分配。

但工作以外的所有事情，我幾乎一問三不知。最近剛和一群好友去墾丁潛水，而我負責主辦。集合當日，有人問：「總共多少人參加？司機的聯繫方式？這兩天的行程？」」我都笑笑地摸著頭說：「出來玩放輕鬆就好，船到橋頭自然直，不用緊張。」

朋友瞭解我的個性，也都見怪不怪，不會責怪我。不過，偶爾為之還行，若每次都這樣，可能很快就沒朋友了吧！當我翻到本書書末的多張表格時，有種挖到寶的興奮感，以後我再主辦活動有救了！我只需要跟著表格清單思考即可。

本書我反覆看了兩次，簡單易懂好操作，書中的每個議題除了讓你知道「為什麼」之外，更讓你知道「如何做」。我特別喜歡高原先生提到的「清單思維」概念，善用「計畫」和「流程」，將為我們節省許多時間，同時促進與他人的溝通更加精準。

這個理念不單是運用在工作，本書中也提到用在生活、家庭關係、人際互動、情緒掌控的方法和技巧。

我非常推薦給：

1. 認真投入工作，但時間總是不夠用，期許自己能同時具備高效能與高效率的職場工作者。

2. 從事業務性質、需做好顧客管理，想建立完整顧客資訊，並做好等級分類，進而讓顧客發出WOW讚嘆聲的工作者。

3. 工作和生活上容易感到焦慮，壓力大到無法排解，希望能聰明掌控壓力和情緒的朋友。

4. 生活中視每一樣東西為寶物，家中堆滿許多物品，很想做到斷捨離，但總認為這些東西有一天還用得到的朋友。

5. 希望自己能夠認真工作、努力生活、盡力玩樂，來享受人生，或是雖然無法做到平衡，但至少知道該如何取捨的每一個人。

如果聰明人都懂得利用清單思維概念和架構，管理工作、人際、家庭、財富和生活，我們何不向他們學習呢？只要願意開始，永遠都不會太遲。

卡姊真心向你推薦這本好書，帶你習慣正能量思考，邁向正能量人生。

推薦序

正向心理學：清單、情緒、正能量

ICF國際教練協會認證專業教練ACC　楊世凡

《大腦習慣正能量思考》是一本有關開發與展現個人領導力的好書。二十一世紀的世界潮流新思維，是以領導的優勢取代管理概念，包括自我領導與領導他人，但清晰的邏輯仍待有效、普遍的方法實踐。

本書便是一本關於利用清單，來管理人際關係、提升效率，和生活管理的有用之書。欣見本書作者高原先生，以美國及中國兩地的潛能培訓專家之姿，著力為一般大眾讀者提出高效能又給力的解方。

本書分為兩大部分鋪陳，展示現代成功卓越人士在工作與生活上，面對的重要課題：清單與情緒。在我看來，本書的主軸要旨是：

思維與行動：幸福的清單
清明與情緒：生活競爭力

清單即信用，信用即績效。作者非常專業且用心地展示優質清單的樣貌，讓讀者可以依循，並建立自己專屬的高績效信用清單，在擔任主管、員工、部屬各職場角色之間游刃有餘。這本書聯結了創新思維與實用工具，是一本站在時代尖端，兼具知識性與實用性的好書，值得推薦。

從這本書的脈絡裡，我們看到工具價值與個人的資源和能力呈現正相關。創新於細微處著手——透過精緻化的流程，得以將複雜工作簡易化。更重要的是，現代人要能抓住瞬間創意的火花，堆高工作創造力；活用知識的連結，突破困境。這便是清單的魔力：運用清單整理創造思維、創新方案和行動！

二十一世紀的顯學是「正向心理學」，其中快樂幸福學強調：豐盛綻放（flourishing）和復原力（resilience）。作者在此提出的良方是：情緒管理清單與良性社交人際互動。在本書後半部引喻取闢，生動活潑；深入淺出，引人入勝。搭配每章節後的「知識點」提綱挈領，畫龍點睛。這本書自身就是一份完美清單。

面對鍛鍊意志力以對抗焦慮，提升專注、自控與效率以達到信任和樂觀的重要議題，作者提供目標管理、作息管理、物品管理、管理者承諾清單、壓力清單，以及意志力鍛鍊清單等一系列可操作、可靈活應用的妙招，作為讀者的福音。

追求簡化，心嚮往之。責任感從心培養，愛與幸福自然相隨。輕裝上路，回憶伴行。清單和情緒管理，獻給訓練正能量思考的您！

前言

生活充滿焦慮？用清單找出解決問題的最佳途徑！

每天早晨醒來時，你都會對自己說：「我今天一定要合理規劃工作和生活，按時交報表，按時完成廣告創意，按時去接女朋友下班。從今天起作息規律，生活有序，讓一切都井井有條，成為一個有效率的人。」這些不是高難度的目標，但是到了晚上，你卻發現早上制定的目標不但一個都沒有實現，反而更加混亂！

毫無疑問，我們已經身處資訊膨脹的時代。人們因為不斷接收大量資訊而感到焦慮，因為釋放不了壓力而忐忑不安，決策和行動均大受考驗。但是，為什麼仍有人能夠精神煥發、輕鬆愉悅地應對日益龐大的訊息呢？他們彷彿只用一個小時，就能完成我們二十四小時都處理不完的工作，而我們對訣竅卻一無所知。

四年前，我和合夥人史密斯在華盛頓州立大學，開設「潛能培訓」講座，旨在幫助人們激發自己「懶惰的頭腦」。講座中，史密斯向參加者講述許多成功者的故事，介紹各行各業的傳奇大亨如何發跡，開創一個偉大企業的輝煌時代，並且介紹多數成功人士都在使用的祕密工具：**列清單**。

「這真是一個老掉牙的方法！你沒聽錯。維珍集團（Virgin Group）創始人理查・布蘭森（Richard Branson）將筆記放在口袋中，只要有時間就會拿出來寫寫畫畫。台灣『流通業教父』徐重仁也會在一個巴掌大的本子上記下突發靈感，於是有了台灣的統一超商及星巴克。

「它僅僅是一個筆記本嗎？**它可以是你的創意清單、時間清單，或是某些重要的工作清單。這是一種思考方式，是我們頭腦的延伸。**」

日理萬機的成功者有什麼共同點呢？他們都具備清晰明確的「清單思考」，懂得利用清單思考問題，並利用相應的清單解決這些問題。筆記本不過是清單思考的載體。

成功就是這麼簡單！就像谷歌（Google）前副總裁雪柔・桑德伯格（Sheryl Sandberg，現任 Facebook 營運長）說的：「別人的會議需要一個小時，我總能要求自己在十分鐘內結束。方法就是制定一份會議清單，寫出必須討論的要點和重要決策，每結束一個要點就把它劃掉。如此一來，會議簡短而有效。」桑德伯格憑藉幾百字的會議清單，為自己贏得更高的決策效率，儘管她管理數百名員工，應付來自全球各地的繁雜事務，但她每天不到六點就可以下班回家。

我們為什麼需要清單呢？桑德伯格已告訴你答案：**只要在一張不起眼的表單上花費十分鐘，就可以為自己節省十小時，甚至幾個月的時間**。這是清單式思考的巨大效果！

華盛頓州立大學工作心理學研究團隊提供的資料顯示，現代上班族每天平均要處理的事務高達一百六十七件。這些工作和生活的事務摻雜在一起，短時間內集中進入頭腦。人們既需要把事情做對，也需要合理分配時間，促使工作和生活更有效率。如果你不能像桑德伯格一樣利用清單節省精力、保持專注，不但無法成為一流的工作者，反而讓自己陷進焦慮的漩渦中。

焦慮體現出人對現狀的不滿和對未來的茫然。當焦慮逐漸加重，將引發許多「戰爭」。根據我們委託一家調查公司進行的電話採訪顯示，全加州有接近一半的離婚，是因為夫妻雙方過於頻繁的爭吵而引起。

爭吵的原因僅是家庭生活缺乏分工、磨合，甚至一次假期旅行沒有規劃好，就爆發激烈的衝突。彼此互相指責、製造壓力，最終忍無可忍而分道揚鑣。其實，只需一張小小的家務分工清單，或準備充分的出行清單，就足以消除這些隱患。

錯誤也擴大負面情緒，讓我們不但與別人發生戰爭，也與自己作戰。除了讓夢想無法實現，也讓工作一塌糊塗，就像我過去接觸過的案例。

吳昕言女士今年二十七歲，居住於北京。她大學畢業後，到美國舊金山尋找發展機會，擁有遠大理想，但只工作半年就失業了。她說：「我突然不知道自己該做什麼！在學校學到的東西根本用不上。我就像木偶一樣，沒人推一下就不知該何去何從，也不明白應該如何邁出下一步。」

她每天都在跟自己賭氣，兩年內換了四份工作，每家公司對她的評價雷同，濃濃的挫敗感甚至讓她患了憂鬱症，不得不向我的機構求助：「為什麼很多能力不如我的人都成功了，我卻一點兒機會都沒有？」

她和一起來美國發展的幾名大學同學一樣出類拔萃，天資也相差無幾。他們在智力上的差別微乎其微，但從發展軌跡來看，他們的命運卻千差萬別。有人開設科技公司，變成小有名氣的ＩＴ富豪。有人成為當地華文媒體的專欄作家，過得多采多姿。只有她，不但事業上沒站住腳，感情生活也不順利，最後只能失落地回國。

過去的思考方式已經落伍了，想在這時代取得成功或者活得輕鬆，我們必須建立清單思維，加強思考速度和行動效率。清單到底有多大的價值？石油大王約翰．洛克斐勒（John Rockefeller）對此深有體會。

洛克菲勒發現公司的效率很差，作為管理者難辭其咎，於是向一家管理諮詢機構尋求幫助。他出價十萬美元，購買一個讓公司效率提高五個百分點的建議。對方派一名顧問到他的公司，觀察每天如何運行工作。一段時間後，顧問告訴他：

「你讓部門主管每天花二十分鐘，把當天的工作按照重要性排列，設置一個工

作清單，然後優先處理最緊急的前六項工作。」

「就這麼簡單？」

「就這麼簡單！」

這其實就是「待辦事項列表」，人人都可以在五分鐘內完成。在這個毫不費力的工序全面實行兩週後，公司的工作效率就提高七％。隨後，洛克菲勒要求公司每一名管理者和普通員工都使用這個方法，並且讓它成為一項制度。

清單革命早在幾十年前就開始席捲全世界，涵蓋行政管理、金融、醫療乃至統計學等領域，很多先驅者藉此取得成功。本書向您介紹，卓越的成功者和一流的工作大師，如何利用清單分擔自己的工作壓力，更運用清單式思考能力，釐清管理和生活中的煩雜秩序，使自己始終專注在重要事項上。如果你有一張正確的清單，它就能幫你做出對的選擇，去做對的事情。

我將提出基本的清單原則，告訴你如何集中注意力、彌補記憶力，提醒工作重點和規劃行程，保證工作的循序漸進，以及闡釋清單式思考如何幫助成功者管好工作，獲得生活幸福。利用不同清單提高效率、化繁為簡，能把你從複雜繁瑣的事務中拯救出來，建立釋放自身潛能的捷徑。

● 運用清單思維，能夠節省思考的時間

清單最重要的好處，是節省思考時間和提升思考效率。擬定清單的過程能讓我們降低焦慮，增強與他人的溝通，同時還能規劃未來、記住夢想，並客觀分析可行性。不論從哪個方面來看，它都可以讓我們整理頭腦，遠離凌亂和混沌。

● 設置實用清單，可以避免犯下重複的錯誤

清單的本質是「計畫」和「流程」兩種精確思維的結合，它能夠在事情開始前幫助確定方向，避免無謂的錯誤。利用清單，可以預先規劃接下來的工作、檢視流程，提前發現微小的隱患，以設定應對方案。

清單式思考的基本原則：第一，清單思考的基礎是排列與引導關鍵問題，做出分工和時間計畫。第二，必須像簡潔明瞭的地圖，發揮導向作用。第三，反覆強調重點問題，提高處理效率。

清單提供我們的不只是邁向成功的速度，還有充滿創意的工作流程，讓每件事情都富有規律和充滿成就感。在日益加快的生活節奏，和多元化的社會分工中，**養成制定清單的習慣，掌握簡單易做且低成本的頭腦整理工具，就能在激烈的社會競爭中從容應對**。

本書不僅有掌握清單思考的方法和技巧，還有針對個人的清單課程，徹底改變你的觀念，升級你的頭腦，無論是想用清單式思考，收拾亂成一團的辦公室，還是獲得全新的生活方式，都能在書中找到相應的答案。你可以像自己仰望、羨慕甚至嫉妒的成功者一樣，實現人生目標。從現在開始，就為自己寫下第一個清單！

NOTE

/ / /

第一課

為何 EQ 好的人，多半是清單控？

使用清單讓我們沒有理由繼續懶惰，並提供最優選項。它不僅論證可行性，而且是有效思考的強力保障。清單甚至與創造有關，能讓我們腦力激盪，這一點早已由無數的案例證實。

美軍使用長達60年，驗證確實可行的強效工具是……

人們經常對自己的計畫充滿自信，很少思考自己的夢想是否過於天真？有時甚至聽不進別人的建議。但是，當你的計畫不周全，仍然有勇無謀地往前直奔時，你是否想過可能造成什麼後果？

二〇一五年十一月，英國探險家亨利．沃斯利（Henry Worsley）試圖獨自穿越南極大陸，希望為人類歷史開創新的里程碑。二〇一六年一月二十二日，他在日記中寫道：「我一個人穿越南極洲已經長達七十一天，走了九百多英里。但我的身體狀況每況愈下，似乎沒有辦法再繼續前進，儘管目的地已近在咫尺，也只能傷心地宣佈探險到此結束。」

沃斯利體力不支，在距離終點不到五十公里時倒下，隨後被送往智利的一家醫院。他不僅嚴重脫水，還得了自發性細菌性腹膜炎（SBP），身體狀況慘不忍睹，最後不幸去世。日記上的那句話成為他的遺言。

沃斯利差點完成計畫，但在極度惡劣的天氣和環境下，一個人能夠表現出的能力，遠遠不如依靠團隊的力量作戰。假如他能夠準備得更充分，悲劇是否不會發生呢？

不管你的夢想多麼熱血澎湃、你的能力有多強，都應該在準備清單時，確認目標的可行性：

- 目標：整體目標和階段性目標。
- 資料和資源：實現目標需要做什麼？是否有能力？
- 前景分析：根據現有條件，分析實現目標的機率。
- 策略對比：應採取的行動和應制定的計畫，分析比對不同的策略。

利用清單獲得可靠的資料和明確的前景，你才知道為了達成目標，可以做些什麼、應該做什麼，確保行動的安全和可行性。如果可行性不高，即使距離目標只有一步之遙，也不可能走到終點。**沒有思考可行性便採取行動，將會獲得沉重的教訓和慘痛的下場，不但使工作效率低下，而且白白浪費大量資源。**

皮特早年在美國空軍的人力資源研究室工作，後來他被調到加州洛杉磯洛斯阿拉米托斯地區（Los Alamitos）的海軍航空站（編按：正式名稱為美國聯合部隊訓練基地，同時為美國陸軍機場），擔任決策部門的分析官，負責對每一次的作戰訓練進行「任務清單分析」（Task Inventory Analysis，簡稱ＴＩＡ）。

美國軍隊從一九五〇年代開始研究開發ＴＩＡ，一九七〇年代將它列入固定的作業系統，如今已成為一項非常完整的制度。皮特說：「我的任務是分析飛行中隊在未來一段時期內的作戰訓練計畫，確保計畫的合理性，並透過資料對比，計算出成功指數。中隊指揮官和更高層級的參謀人員會根據這項指數，做出所有作戰決定，因此它的重要性不容小覷。」

可行性不只是專業的力量，也是清單的價值。計畫可不可行，不是某個人說了算，而是利用清單分析組織目標、人員職能、資源配置和任務難度，最終得出客觀的指數，透過真實有效的資料做出決定。假如完全成功是十分，高於八分的計畫就有值得一試的價值，低於七分的計畫則可能不納入考慮。

任何事情都應該引入清單思維，分析行動的成功指數。就像皮特所說：「透過觀察和工作日誌，我收集所有資料，負責為指揮官提供技術意見。只要有全面、專業的資料和任務清單，就能將作戰計畫的風險降到最低。」

可不可行，不是你說了算

可行性相當重要，但它的評價標準是什麼？成功企業家如何評鑑經營計畫的好壞？如何運用清單做出理性的商業決策？

前中國通用汽車公司（General Motors）總經理和亞太區營運長凱文．威爾（Kevin Wale）曾說：「一份完整的企劃案不能缺少創意元素，但審核是最重要的部份。**可行的計畫既要考慮所需的時間和成本，也要考慮重要程度和困難程度。集合這些指標，才能得出最終的可行性。**」

威爾有二十三年的市場行銷經驗，他直言：「我不清楚什麼叫做『偉大的計畫』，但我知道難以成功的企劃有什麼特徵。」他的日常工作是裁決部屬提出的各式行銷創意企劃，以及審查經費申請。他負責決行計畫的責任重大，不能僅憑一時衝動或表象，就批准或否決部屬的計畫。

威爾想出的辦法是為部門擬定任務審核清單，制定比對和判斷可行性的標準。他不只使用這些標準審核部屬的計畫，也要求部屬根據這項標準工作，節省精力和資源。

●判斷可行性的「FAB原則」

FAB原則，是提供給企業家和決策者判斷可行性的建議。

F即Feature（屬性），任務的屬性是什麼？是否符合自身的價值需要？A即Advantage（優勢），任務的執行能否徹底發揮自身的優勢？B即Benefit（利益），任務能帶來哪些具體的收益？

● 認清自我能力的極限

認清自己的能力是審核任務清單的關鍵步驟。透過聯想羅列出計畫目標的各種可能性，整合自己的能力和可利用的資源後，便能從全新的角度看見最接近真實的可行性。不妨列出自己的優勢，因為優勢是你的能力極限，同時也是實現目標最堅實的保障。

● 使用限定式分析法找出不利因素

限定式分析法可以進一步確認可行性。舉例來說，利用這個方法分析行銷策略，將顧客的心理限定在不利行銷的情況，假設市場行銷難度增加。這時，你必須找出隱藏在事物背後的不利因素，並且確認計畫中的阻礙，評估阻礙造成的影響，你才能獲得策略的可行性指數。

● 收集眾人意見

徵求、收集相關人員的想法。為什麼有人反對你的計畫？他的理由是否有道理？別人的建議和你的策略無法吻合時，能不能進一步討論和協商？唯有傾聽他人意見，才能突破個人的思考盲點，增強工作的可行性。特別是對管理者而言，意見清單是必不可少的決策工具，能夠減少個人的判斷失誤。

你還在苦惱如何提高工作效率？試試清單吧！

工作效率和問題解決息息相關，你平時如何解決生活和工作中的麻煩呢？威爾為通用汽車市場部的二十七個分支，設立問題清單制度，促進工作效率提升。

為了避免不同的部門不協調或是發生策略衝突，他要求市場部成員每週發送問題報告給總部，這份報告的內容要涵蓋三個方面：

第一，公司正在進行和即將推出的市場策略，存在哪些問題？

第二，你對現有及未來的工作有什麼看法？

第三，你認為公司的做法有哪些錯誤，而且沒有被發現？

這項制度讓威爾和管理階層的電子信箱被塞爆。幾乎的市場部員工都發表自己的看法，他們踴躍進言，八〇%以上的內容都是對公司的批評指教。威爾說：「**問題清單幫助管理者看見公司的營運真實狀況，其實現實並非主管想像得那麼美好。**」

通用汽車檢查員工提出的問題，並且改正後，市場推廣效率明顯提升。在全球經濟不景氣的裁員潮中，市場部雖然減少三分之一的人員，但是平均效率提高一四〇%，為公司業績帶來極大的貢獻。

找出效率低落的源頭

下頁的問題清單，可以幫助你發現造成效率低落的原因。是健康出了問題，造成體力不支？還是沒有妥善地管理時間？或是目標不合理超出能力範圍？還是生活空間、辦公環境秩序混亂？

利用表中的「改善方式」和「養成習慣」擬定具體的改善計畫，逐步消除影響生活和工作效率的因素。

工作全年無休，不代表辦事效率高

今年二十九歲的塞浦林斯畢業於華盛頓州立大學，目前已經在心理學團隊工作十四個月。

他是一個非常努力的人，每天都自主加班到晚上十一點，第二天清晨六點又很早進入辦公室，幾乎沒有休假。同事很佩服他，稱他為「瘋狂林斯」。

但是，當塞浦林斯的試用期

相關事項	改善方式	養成習慣
健康（體力）	規律作息 體育運動 均衡飲食	早睡早起 跑步／登山吃早餐／ 減少應酬／補充維生素
效率（時間）	設定優先事項 集中注意力 時間分配	擬定工作清單／規劃流程 關閉電子設備 善用時間清單
目標（生命）	夢想 階段性目標 反思和總結	未來五年計畫 從易到難分解目標 定期總結經驗和教訓
秩序（空間）	整理 歸類	辦公室／家庭環境 資訊、資料歸類

結束時，指導教授把他叫到辦公室說：「聽著，小夥子，**如果你想獲得真正的突破，得改變現在的工作方式。你很努力，我們也都看在眼裡，但你處理事情的方式經常讓你陷入麻煩與混亂。**」

塞浦林斯對教授的批評完全沒有異議，他知道自己確實是這樣的人。他很鬱悶而苦惱地說：「我總是把事情搞複雜，三分鐘就能做好的簡單工作，我卻把它變成五個小時的解謎遊戲。我找不到工作重點，無法理清頭緒，不知道怎樣才能花最少的時間做最多的事情。」

塞浦林斯唸大學時擁有超強記憶力，他聰明、想像力豐富，不需要打草稿便能在台上報告，征服台下上百名學生。在校期間，他發表許多篇小論文，引起學界的注意。這樣的經歷讓他不屑使用輔助工具，因此辦公桌非常乾淨，只有一台電腦和幾本書。開會時他很少做筆記，完全憑藉記憶力和即時的理解進行下一步工作。

為什麼現在塞浦林斯找不到直通終點的路線？因為他沒有準備輔助思考的工具。即便是複雜的工作，只要有清單的輔助，就能讓工作變簡單。因此，教授建議塞浦林斯建立自己的專用檔案，針對每個不同的專案工作列出清單。

如果你拿到一件複雜、費時的工作，先制定流程，將工作流程最佳化。如果你接到必須快速完成的任務，只需寫下重點，集中精神完成主要的工作。如果你準備接手長期工作，先列出整個工作的階段性目標，製作每個階段的詳細計畫表。

依照計畫分解任務，用清單簡化內容，才能掌握工作規律，在混亂中找出捷徑，讓複雜的事情變得簡單。

第一原則，讓重複的事項流程化。重複性的工作只需製作流程清單，每次按照既定的步驟完成即可，不必每次都重複思考。

第二原則，將流程精細化。你可以將流程分類，針對不同的流程設置不同的要求，越精細越好。

第三原則，簡化複雜的事務。在思考和工作都已流程化、精細化以後，再複雜的事務都變得一目瞭然，操作起來就會簡單許多。清單幫助你減少無謂的思考時間，將精力集中在更重要的事上。

點子不能光靠腦袋想，要用清單解放創造力

我和合夥人史密斯剛開始營運洛杉磯的公司時，企劃部門經常面臨創意不足的問題。對新公司而言，這是一個必經的階段。儘管每週都要求員工提出各種想法和企劃，但他們看起來都毫無頭緒，彷彿許多人聚到一起，已經摩拳霍霍準備施展雄心壯志，卻突然發現找不到突破口。

「我們到底需要什麼樣的思考模式？」、「為何創造力遇到瓶頸？」、「工作應該如何推展？」、「怎樣才能將員工的創意轉變為公司的業績？」一直沒有一份能讓人眼前一亮的企劃案，公司業務一度停滯。

為了解決這個問題，我和史密斯為企劃部、市場部想出一份匯集創意的清單，具體做法是：

- **不再以任務的形式要求員工提出方案，而是鼓勵他們用各自擅長的方式自主創造。**
- **充分開發員工的零碎時間，鼓勵他們隨時寫下想法並提交討論。**
- **全體員工皆適用此方法，鼓勵每位員工將想法寫在紙上，貼到公司的創意牆。**
- **當召開企劃會議時，每位員工的想法都被充分討論，集體將創意最佳化。**

這個策略成功解開「限制員工發揮創意」的枷鎖，他們不再需要循規蹈矩或是看主管的臉色行事，而是能夠隨心所欲讓靈感自由生長，甚至不分場合，不限定形式和工具，徹底啟動公司的創造力。

之後的兩個月，我常在半夜接到部屬的電話，他們興奮地告訴我對於某項合作案的新想法。當我早晨見到員工時，他們以往疲憊迷茫的感覺消失了，取而代之的是放鬆的神情、充沛的活力。員工甚至改良最初的創意清單，自行開發出更多嶄新的思考方式，例如：奇妙清單、靈感清單等，激發出團隊的能量。

三個月後，公司的營業額增長二三〇％，我們在激烈的競爭中打動客戶，擊敗資金實力比我們強十倍的對手，甚至拿下奇異公司（General Electric Company）與ＩＢＭ的兩大訂單。

市場部的第一任主管赫舍爾成為客戶眼中的創意大師，我們全新的思考模式打破廣告市場的傳統觀念，於是同行爭相效仿。

清單，抓得住一閃即逝的創意火花

在成功者看來，創造性思考不僅是思考模式的問題，也是方法的問題。我們發現：有些人原本就具備天賦，思考活躍、積極上進，但創造力卻很差，因為他把創造視為思考的問題，而忽略運用正確的方法。

根據我多年的經驗，提高創造力最快的方法，並非學習別人或者從專業書籍中尋找答案。你只需將以前混亂的思考過程，簡化為十個啟動創造力的步驟，便能組織成創意清單。

第一步，找出計畫的其他目的或用途。
第二步，搜尋其他資料與成功案例作為參考資料。
第三步，如果不創新，尋找是否有可替代的方法。
第四步，換個角度，重新組合舊有的想法。
第五步，沉澱一段時間，培育創造力。
第六步，利用清單列舉所有的要素，從中觀察細節。
第七步，如果走不通，顛覆現有思路，試著反向思考。
第八步，串聯不同的角度，對比完全不相關的清單，從中找出突破口。
第九步，及時更新清單，收集新的創意因素。
第十步，準備強大的動機，激發自己的創意潛能。

問題必須即時解決，靈感也必須即時開發，而不是塵封在腦海中。不只把問題和想法裝進大腦，還要寫出來貼在牆上、放到電腦、帶在身上、隨時拿出來看。遇到思考瓶頸時，就能即刻補充，搜尋突破的路徑。

身陷困境時，清單幫你找到創新的突破口

我的合夥人史密斯說：「**越是深陷困境，就越需要創新。大多數成功的企業家不是因一帆風順而成功，而是因艱難坎坷而奮起**。成功者懂得絕地求生，與環境拼搏找出新活法，而失敗者往往被既有思維困住，這比他遇到的問題更可怕。」

創新的路徑雖然不一，但本質相同。一份好的清單幫我們解決創造力不足的問題，找到另類突破口，打破阻礙思考的高牆和陳舊的規矩。用清單創造，也是整理所學知識，這是清單式思考的作用，也是整理知識的價值。

● 創新是內隱知識和外顯知識的互動及變革

「內隱知識」（Tacit Knowledge）源自於個人的主觀認知，透過實務操作、體驗、反省、身體力行的過程，不斷嘗試錯誤，累積經驗知識。我們閱讀和接收到的知識，經過思考內化後成為內隱知識，儲備在大腦中，當運用在思考或行為當中時，才會成為外顯知識。

創新是內隱知識與外顯知識互動和釋放能量的過程。規模越大，創造力就越強。多多思考、親身實踐，是增強創造力的基礎。

● 創意是組織和整理知識的螺旋過程

知識需要定期整理，在知識外顯的過程中挑出有用的知識，淘汰無用的資訊，才能產生新的思考，並且制定新的模式、勇於實踐。創造可能成功，也可能失敗，像是向上或向下的過程，但所有知識的軌跡終究是向上攀升。

● 利用清單解決創新的難題

清單可用來收集現狀問題和整理資源：有哪些不利於創新的因素和需要破除的規矩？有什麼有利條件或資本幫助突破困境？綜合比較對創新不利和有利的因素，並分別歸納成不同的清單，進一步繪製自己的創新藍圖。

在不利的因素中，可能包含制度面的障礙或是人才的弱點，還會有資金、技術、環境等各式各樣的問題，讓你覺得自己做不到，或者礙於目前條件而無法做。

相對地，有利因素會針對每一個不利條件，提供你可利用的方法、資源和機遇，讓你看到還是有成功的機會，並非完全沒有辦法前進。

這些年，我們成功讓數千家企業利用清單，建立創新的制度。許多企業藉此轉型管理思維，使發展更上一階。清單在創新中的作用，是整理創造性思維（如下頁圖）。

從下頁圖中，你看到了思維牆會阻礙創新。想突破這堵牆，你需要工具協助整理知識，更新頭腦、改變觀念。

創新不是無中生有，而是知識的轉換過程。我們使用清單有效整理，結合個人的內隱知識和環境需求，變成外顯知識，產生新的技術、習慣和制度，最終改造環境。清單也許不是最好的工具，但一定快速有效。

清單在創新中的作用：整理創造性思維

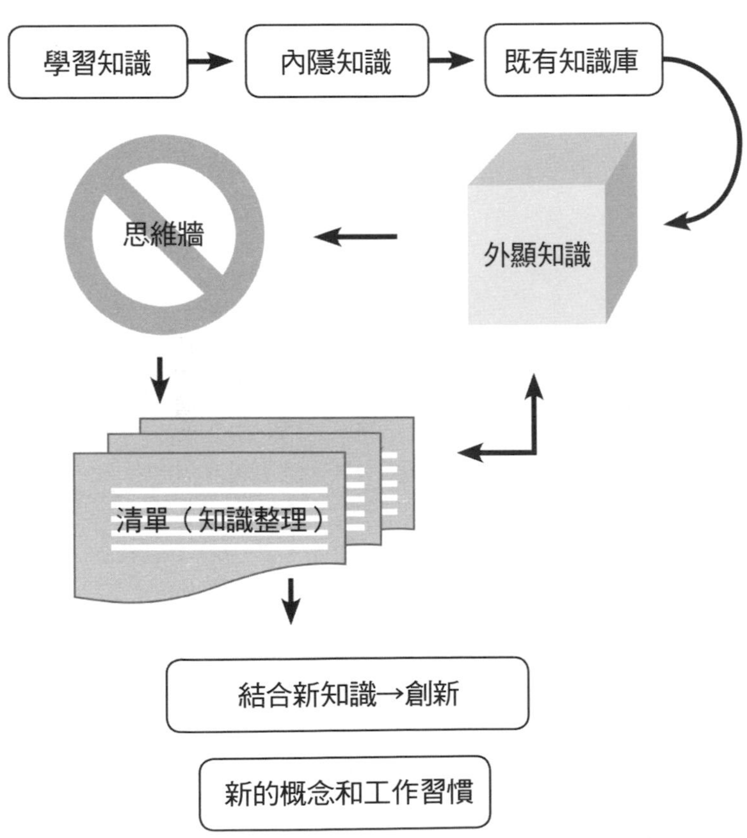

不起眼的細節，成為創新的大功臣

偉大的創意經常是從不起眼的細節激發出來，就像蘋果公司（Apple Inc.）的LOGO「缺口的蘋果」，已經成為永遠流傳的經典。問題是，我們該怎樣留住這些稍縱即逝的創意火花呢？

我的公司市場部門主任赫舍爾說：「**從細節入手，讓創意無限。**」為了增強部門創造力，開發出讓客戶滿意的服務，他準備許多和細節有關的清單，而我把它們命名為赫舍爾超級清單。

赫舍爾的超級清單包含：

- 姓名清單：記下每位聯絡人的名字。
- 圖像清單：收集並分類令人感動的圖像，和印象深刻的影片。
- 地標清單：清楚標註每座城市的地標建築，幫助找出刊登廣告的載體。
- 碎片清單：用來儲存毫無頭緒的大腦記憶碎片。

● 屬性清單：統計物品的屬性和用途。
● 流程清單：熟記標準流程後，便能簡化不必要的步驟。
● 名詞清單：記下腦中浮現的名詞，是創造力的源泉。
● 符號清單：隨手畫下的符號即便沒有意義，未來也可能價值重大。
● 討厭清單：列出討厭的東西。
● 驚奇清單：記下令人激動的點子。

在創新的過程中，所有的細節都值得記住，因此我非常喜歡赫舍爾的超級清單，並將這份清單推廣到公司的每一個部門，宣導全體員工向他學習。

這份超級清單突顯了清單的本質：整理和創新。根據獲得的資訊去創造，有效便捷地將思考最佳化。清單並非打亂知識，而是重新整理思考，讓我們把主要精力用在最大收益的事情上。

善用員工與管理者列出的承諾，讓團隊運作有效率

雖然清單已廣泛運用在各行各業，並且展現出巨大的成效，但切身體會其重要性的人並不多。甚至對多數人而言，清單只是一種可有可無的工具。有人拒絕使用清單，因為它好像在說：「你的智力不足以駕馭這些事情，還是我來幫你吧」，讓自己感覺被「矮化」，彷彿自尊受到侵犯。

還有人不認為清單對自己的工作和生活有幫助，特別是企業的管理者。由於管理工作的特殊性，他們習慣分配任務，很少插手工作細節，因此質疑清單的作用。不過，團隊的主管其實更需要清單輔助管理企業。

丹尼斯是舊金山城市學院（City College of San Francisco）的規劃專家，他曾在學院掀起一場觀念革命，教導學生重視各種清單工具，例如：用清單確認城市規劃的環保，或是用清單阻止地產開發商侵奪動物生存的綠地和森林。

「這是觀念的革命，」他說：「如果我們沒有清單意識，即使成功，也可能會遺漏重要的東西。我們可能完成了九九%，但失敗的那一%卻可能成為一生的遺憾。」丹尼斯很欣賞我們推廣清單思考，他接受史密斯的邀請，接連兩個月到我們的培訓機構授課，希望能引起企業家的重視。

成功企業的基礎，建立在成員的互相信賴

金先生是美國一家新公司的投資人和總經理，年僅二十四歲，住在洛杉磯東部的舊好萊塢公園賽馬場（Hollywood Park Race Track）附近。他喜歡賽馬，而且擁有一副「馬脾氣」。年輕創業者往往滿腔熱血、鬥志昂揚，過於自信，對未來極度樂觀，並且喜歡把一切牢牢抓在手中。

金先生每個月都會到我們的機構聽課，但他漫不經心、隨意和不在乎的樣子，好像只是為了向我們表明：「我只是不想白花那些錢而已，並不是真的想聽你們在

說什麼。」他當然是個聰明人，但也為此付出代價。

後來，我和史密斯到他的公司參觀，發現金先生的企業面臨倒閉危機。他非常有才華，但納悶自己為何無法管理好團隊：「我擅長所有的環節，但為什麼約束不了、也教不會這些員工呢？」

金先生終於開始正視現實，於是我們重新確認責任分配。我沒有要求金先生立刻改變企業的管理制度和人員結構，而是請他先設立責任清單：列出員工在工作中的權利和義務，強制規定每個環節、每位負責人必須完成的工作，然後將資料公佈給全體員工。我建議他在制定責任清單時，要遵守六個原則：

第一，指向明確：說清楚要做什麼和怎麼做。

第二，容易理解：用簡單的語言讓員工一看就懂。

第三，沒有歧義：表達要清晰，不能產生誤解。

第四，精細到位：充分規定流程和品質標準。

第五，權責匹配：權力和責任相應，有多大的權力就要承擔多大的責任。

第六，上下分明：清楚展現管理關係，強調服從。

三種信用清單成為業績的最大推手

但是，只強調責任、義務，卻沒有獎勵，導致員工不願做出表現，也是該公司的問題。金先生喜歡為部屬畫大餅，他經常告訴部屬：「我們未來五年有機會上市，那時大家可以擁有千萬資產。」

但沒有可參照的標準，缺乏現實的獎勵，誰知道幾年後這家企業的命運會如何？在員工眼中，金先生說話的信用零分，而以企業的角度來看，員工無法達成工作目標，也是沒有信用。互相懷疑的結果，降低團隊的凝聚力。

我開出三張信用清單：

● 管理者信用清單

信用清單的基本內涵就是承諾的完成情況，企業的每一位管理者，從小組主管、部門負責人到高級管理者，都應該建立信用檔案，並且公佈在公司告示牆上，統計及衡量每位主管人員在工作中的信用：完成多少對企業的承諾？完成多少對部屬的承諾？

每達成一次承諾，就會有相應的加分；相反地，違背承諾則會扣分。當管理者的分數長期低於一定程度時，應按照企業規定立刻予以罷免，並從優秀員工中推選合適人選接替。向員工公佈管理者的信用清單，讓員工參與監督，能夠彰顯公平性，加強員工對公司的歸屬感，能幫助新創企業形成有權威的規則。

● 員工信用清單

同樣的清單對員工也有效，把每位員工的信用清單納入企業管理系統，定期向所有人公佈。用這份清單統計及監督員工的工作質量，作為獎懲的依據。在員工工作義務的範圍內，確認是否完成上司交辦的任務。分內工作是否如期完成？是否對部門或企業做出額外的貢獻？是否有團隊合作精神？

能顯現員工價值的標準，都可以作為加減分的項目。定期（例如每個月）使用信用清單考核，信用最低的員工將被開除，最高者則會得到獎勵和提拔。依此管理員工，能夠有效約束喜歡偷懶的人，也能激發優秀員工的鬥志。

● **績效信用清單**

統計績效是每個企業都必須做的工作，但新創公司高難度的工作和繁雜的工作量，容易產生龐大的壓力，因此績效獎勵標準應該適當提高。例如：其他公司每季的提撥獎金是三％，金先生便提高到五％、甚至七％，以激發員工的幹勁，加強團隊的凝聚力。如果不這樣做，過不了幾個月，優秀員工就會流失，屆時就算願意給予再多的獎金，也無力回天。

績效考核應該具體套用到每個部門、管理者和員工。**績效信用應該分別考核員工的貢獻和企業的回饋，而企業是否按時守約給予獎勵，也必須納入清單，定期公佈，可以隨時查詢。**

這三張信用清單能夠鼓勵團隊士氣，重新凝聚鬥志，以應對殘酷的競爭。新創

艾莉絲　信用清單

範例

所屬部門：市場部

承諾內容：六個月內準時 9 點上班　→具體說明

承諾說明：過去兩個月經常遲到，被要求準時上班。

主管：赫舍爾		評點：	
1 月份	工作天數 22 天	準時出勤：19 天	準時出勤率：86%
2 月份	工作天數 15 天	準時出勤：15 天	準時出勤率：100%
3 月份	工作天數 23 天	準時出勤：22 天	準時出勤率：95%
4 月份	工作天數 19 天	準時出勤：19 天	準時出勤率：100%
5 月份	工作天數 22 天	準時出勤：22 天	準時出勤率：100%
6 月份	工作天數 20 天	準時出勤：20 天	準時出勤率：100%

獎懲內容
準時出勤率平均達 96%，提撥獎金 1000 元。

→**具體說明獎懲內容**

實施日期：1/1～6/30　　**主管簽名：赫舍爾**

- 可參考本書第一課第 051 到 053 頁。
- 請在本清單的標題寫上部屬的姓名。
- 請在承諾內容寫下部屬對工作的承諾，在承諾說明寫下立定承諾的原因。
- 下方的主管評點及獎懲內容，由直屬主管填寫。
- 評分標準可自行設定，並定期公佈，還可作為績效考核的參考。

公司的存活率十分低，但擁有無限的可能性，只要建立有效的規則，就有機會突破瓶頸、殺出重圍。

一開始金先生十分排斥使用清單，公司的管理人員也對此漠不關心。他們身為企業高級主管，關心的是經營策略及財務等更整體、宏觀的規劃，而非細節，更不想把自己納入責任和信用體系。他們不想每天親力親為，和一線的員工打交道。

但事實證明，在建立清單思維的管理制度後，金先生的企業獲得新生。公司業績有非常明顯的變化：三個月的營業額提升二七〇%，成本下降四三%。管理者更謹慎、更投入工作，分紅也增加六〇%。員工的收入節節攀升，許多離開的員工希望重新回到公司。結果證明，清單對提高企業生產力有非常大的幫助。

規劃專家丹尼斯寫過一篇文章，使用大量例子佐證清單如何幫助管理企業，還提到金先生的故事。在該文章的最後，丹尼斯說：「清單展現出每個人智慧的差別。它降低團隊犯錯率，為企業建立良好的秩序，讓所有的工作有條不紊地進行。**如果沒有清單，管理者和員工都會活在混亂和迷茫的煎熬中。**」

知識點

談談你對清單思維的認識？

1. 你認為清單對思考的幫助有多大？

有決定性的幫助，超過天賦，原因：

有幫助，但比不上天賦，原因：

可有可無，原因：

2. 你怎麼提高思考效率？

集中時間思考，方法：

請別人幫忙，比如：

用清單輔助，如何做？

3. 你對成功的看法是什麼？

成功必須有遠大的目標，原因：

成功依靠天賦，原因：

成功需要理性規劃還是熱情行動？原因：

有不一樣的看法，原因：

4. 你有沒有建立問題清單？

如果有，你的收穫：

如果沒有，你的原因：

NOTE

/ / /

第二課

管理「情緒資料庫」，是打敗焦慮的最強武器

你知道為什麼自己無緣無故發脾氣嗎？每個人都有專屬的情緒資料庫，但不容易被發現。你能掌控哪些可能引起不良後果的情緒？哪些負面情緒不在你的控制範圍內？寫出這些情緒，讓清單告訴你如何釋放壓力。

工作和生活充滿焦慮，怎麼控制情緒、擺脫壓力？

華盛頓州立大學工作心理學團隊的波特教授說：「為什麼收入越高、生活越好，人們的焦慮反而越嚴重呢？」

他針對全球二十座要城市、年齡介於二十一到二十八歲之間、收入介於溫飽與中產之間的上班族，進行長期的追蹤調查。調查結果出爐後，儘管他早已預料到焦慮普遍存在現代社會，但是焦慮人群的比例遠遠超出他的想像。

「焦慮明顯持續的人超過六五％，輕微焦慮者僅不足八％。」團隊成員尼古拉斯說：「剩餘超過二〇％的人群患有嚴重的焦慮症，長期處於強烈壓力之下，我在採訪中彷彿能感受到，他們的壞情緒隨時都會爆發。」

尼古拉斯在專案中主要負責收集和匯整資料、確認郵件、電話回訪等，他與上百名受訪者透過電話交流，對他們的心聲感同身受，因為他自己也遇過情緒管理的難題。

焦慮似乎成為這個時代無法消除的副產品，不管是身家百億的成功企業家，還是收入微薄的受薪階層，壓力如影隨形。**這種焦慮並不是來自特定的物品或原因，生活和工作節奏越快，它的影響就越強。**

什麼樣的壓力讓你輾轉難眠？

小吳已經失眠一年多，無疑是非常痛苦的折磨。雖然他睡前都會吃一顆安眠藥，但總是在深夜一點多突然醒來，輾轉反側無法入眠，直到凌晨五點左右，才能恍恍惚惚地再睡兩小時，然後爬起來上班。在地鐵上，他總感覺天旋地轉、頭暈噁心，進入公司才能穩定下來，因為公司到處充滿競爭和廝殺的氛圍，容不得一絲喘息的時間。

他說：「讓我決定改變一切的，並不是突然間的警醒。我在不久前升職，每天都有許多機會與部屬談話、和客戶溝通，並且更近距離接觸業界權威，向他們學習。這種變化暫時緩解我的焦慮，但時間一久，我開始喪失自信，面對業界優秀的前輩，我對自己越來越不滿意，因此覺得必須改變現狀，希望自己從心理上解決問題。」

小吳聽從我的建議，列出一張情緒清單，把所有的情緒寫在紙上：

A．自卑：感覺別人都比自己優秀。

B．不安全感：擔心事業的前景。

C．焦慮恐慌：總覺得時間緊張，害怕被人超越。

D．壓力大：工作太多，加班也做不完。

之後，我幫他逐條分析：

關於A：有哪些人比你優秀？列出名單後，與工作相關的人當中，包括同事和部屬，比你優秀的人占多少比例？如果僅有一〇％，表示你沒有太差，不需要擔心。

關於Ｂ：把重點放在提升自己的能力，不要在意公司內的生存危機。提高自身能力後，事業自然會有發展，不必擔心有人超越你。

關於Ｃ：有上進心是好事，但人有時候應該向後看。看看被自己超越的那些人，心裡會平衡許多。當你獲得升職時，有更多的人感到焦慮，應該恐慌的人不是你。

關於Ｄ：當你用情緒清單找出焦慮根源後，也能用清單減輕壓力。工作永遠做不完，重要的是制定合理的工作規劃，按部就班完成每日計畫。

想要改變，首先要找出契機，例如：升職、降職等可產生強烈刺激的事件。這時候決定改變，讓你對負面情緒有更深的認識，才能夠列出更全面的清單。

當感到焦慮時，許多人的反應往往都是逃避，不敢正視問題。然而，逃避是焦慮的溫床，越是躲藏，積累在潛意識裡的負面情緒就越多。若不加以處理，等達到一定的量突然爆發出來，後果往往難以收拾。

找出焦慮源頭，將問題可視化

採取行動前，我們必須找到焦慮來源。「我為什麼焦慮，為什麼擔憂？」小吳說：「清單上的四項情緒決定我生活中八〇%的不快樂。這張清單讓我知道，解決它們不會太難。」

心理學中有許多戰勝焦慮情緒的方法，我們也有整理情緒的本能，例如：深呼吸、休息及娛樂等。清單可以替你整理方法。更重要的是，要有克服問題的信心，思考時不要含糊不清，下決定時不要優柔寡斷，否則會影響效率。

充分的準備帶來自信，是打敗焦慮的最強武器！

每天都會遇到許多不開心的事情，例如：明天要交報表，加班到晚上十點，完成卻還遙遙無期；後天要和客戶簽合約，卻還沒談妥價格；過幾天要交房租，卻還不到發薪日；女朋友的生日快到了，但是兩人正處在冷戰狀態等。

負面因素經常出現在生活中，像是滿天飛舞的蚊蟲在耳邊嗡嗡叫影響心情，製造壞情緒，讓你的生活和工作不快樂。

兩年前，我到聖地牙哥的一家公司參訪，進入大廳就看到牆的正中央刻了一行字：「**When you are full prepared, you will be confident.（當你準備充分時，就會充滿自信）**」這句話給我很大的啟發。

那段時間，我為工作跑遍世界各地，平均每週訪問兩家企業，工作強度大、旅途勞累，需要處理的事務一件接一件，而且一名助理也累倒了，讓我心情很差。那時候，我最缺乏的就是自信和快樂。

後來，我們在緬因州待了半個月，得到喘息的機會。我讓助理放假，自己待在飯店，將全部的時間拿來整理情緒、恢復心情。我邊聽音樂邊喝咖啡，不慌不忙地整理這半年來的行程，把訪問過的公司和基本情況列成一份清單。最後，我用錄音筆錄下自己的訪問心得，講一段就重播確認，將不滿意的地方修改到滿意為止。

儘管這樣做花費時間，但我知道時間是平復情緒最好的方法。隨著心情慢慢沉靜，我整理這段時期產生的負面情緒，激發內在的力量加以修復，提高自己的修養。準備得越充分，效果越好。

找出問題來源，是解決焦慮的第一步

助理休假回來後，我已經列出造成負面情緒的全部因素：行程表安排得過度緊湊，一開始就造成情緒緊張；沒有提前備妥客戶清單，讓部分工作無法達到預期效

壓力清單

範例

造成壓力的來源	重要程度	可刪除延後	由他人完成	提供援助的人	其他備註
專案推行不順	★★★★★	刪除 / 延後	×	業務部長	安排計畫
每個月存不到三千元	★★★☆☆	刪除 / 延後	×	×	檢查開支
信件花費過多時間	★★☆☆☆	(刪除) / 延後	業務助理	與部長討論業務量	
想出國旅遊	★★★☆☆	刪除 / (延後)	×	×	
總和女朋友吵架	★★★★☆	刪除 / 延後	×	×	加班沒時間見面
想養隻狗	★☆☆☆☆	(刪除) / 延後	×	×	自己都養不活了
明天交業務報告	★★★★★	刪除 / 延後	市場調查交給實習生	業務助理整理資料	
	☆☆☆☆☆	刪除 / 延後			

- 可參考本書第二課第 065、066 頁。
- 在表格「造成壓力的來源」的空格中寫下你的壓力來源，例如：正在進行的工作、沒有時間完成的旅行等。
- 評斷該事件的重要性，依照「重要程度」塗上星星。
- 判斷是否可以刪除或延後，再圈選「刪除」或「延後」，無法刪除或延後則可不圈選。
- 判斷是否可以交由他人負責，如果可以，請在「由他人完成」空格中寫下人選。
- 判斷是否需要他人協助，如果需要，請在「提供援助的人」寫下人選。
- 可利用「其他備註」填寫你的想法。

果；管理的問題讓我的脾氣變得急躁；經濟形勢的下滑，讓我擔憂公司業務狀況，這些因素不斷影響我的情緒。

我還寫下這四個方面以外讓人煩心的原因，並寄電子郵件給史密斯。不久之後，史密斯回覆我：「我和你一樣。」他在信件中附上自己的情緒清單，整整三頁，全是他在這個月內遇到不順的事情，還有他的解決方法。他認為：不少負面情緒沒有方法擺脫，只能藉由時間自然平復。

最可怕的不是擁有多少負面情緒，或者你遇到多少難題，而是任由它們像毒氣一樣滲透你。它們無所不在，你卻沒有對症下藥。所以，我經常對學員說：「**凡是能說清楚的問題都不是問題，但就怕你說不清楚。**」

五個思考輔助法，提升挫折承受力

長期的焦慮情緒會形成容易精神緊張的特質。簡單地說，大腦會記憶焦慮，每當遇到相似的情境時，便在潛意識中重生，久而久之形成焦慮性格。長遠的解決辦法，是改善情緒清單列出的因素，去除焦慮根源，才能真正提升情緒管理水準。

史密斯在郵件中除了與我分享他的情緒清單，也提到專注力訓練。專注力訓練是我們已推行九年的潛意識課程，以生活中的注意力為基礎，分解所有可能影響注意力的因素，來提升專注度。它確實重要，但**專注力訓練只是情緒管理清單的第一步。**

● 訓練專注力

比起突然集中精神在提升注意力上，我們會先訓練學員關注身體某一部位的感受。瑜伽是訓練專注力非常好的運動，你可以透過伸展雙臂、拉伸腿部，來集中注意力。當注意力開始渙散時，突出身體的某一部位，提醒大腦將注意力集中在此部位。這個過程持續三十分鐘，可以形成凝聚注意力的機制。

● 疼痛療法

某次紐約的活動中，我建議在場達官貴人的親屬，應該暫時拋開腦中華爾街道瓊工業指數（Dow Jones Industrial Average）。連微幅的漲跌都會影響他們的情緒，讓他們過度焦慮，近乎崩潰。我建議採用疼痛療法，請健身教練量身打造會讓身體感覺疼痛的動作。

疼痛需要到什麼程度呢？我說：「至少要比股市指數下跌造成的痛苦更大。」幾天後，他們不再感覺那麼痛苦。同時，道瓊指數下跌帶來的焦慮也煙消雲散。

難道是身體的疼痛感減輕焦慮嗎？其實**身體的疼痛並不能減輕焦慮，但是可以提升我們對焦慮的容忍度**。更關鍵的是，當疼痛帶來的衝擊到達最強時，便能轉移大腦的注意力，讓潛意識集中能量來消除焦慮。

● 信任自己

當你信任自己的思考能力及身體的自主能力，就能夠做出意想不到的舉動。意志力總是在人相當有自信時迸發，而不是在自卑、消極和失落的時候。不管是身體還是心靈，當你能夠信任自己，隨著信心的增強，情緒便能從負面轉為正面，從消極轉為積極，因此擁有自信非常重要。

● 放鬆心情

放鬆心情但別鬆懈，當發覺情緒不受控制時，找個地方坐下來，閉上眼睛凝神至少三十秒鐘。如果可以，最好是能聽到舒緩音樂的地方，例如：咖啡廳的包廂或書房，都是很好的選擇。每當情緒出現極大的波動時，待在能夠放鬆的空間五分鐘，就能更迅速地平復情緒，穩定心神。

● 從宏觀的角度分析焦慮

從更宏觀的角度分析造成負面情緒的因素，便能找出可減輕焦慮、消除憤怒和悲傷的方法。問問自己：「如果把眼光放長遠一點，結果會不會改變？」許多事情並沒有失敗，也沒有問題，是我們自己急躁、衝動和短視近利的思考，把它視為負面因素，才讓情緒出現問題。

每個人都是獨一無二的個體，這五個輔助思考的方法可能不適用所有人。但要找出情緒失衡的根源，你需要努力不懈，並客觀、如實地列出清單，然後耐心尋找適合自己的方法。

總而言之，改變和主動思考是排解壞情緒的靈丹妙藥。勇於嘗試，不斷前進、反思並整理，把更多有效的辦法補充進自己的情緒清單，便能加強問題理解力和挫折承受力。

若意志力控制不了情緒，會淪為員工眼中的壞脾氣主管

許多人問我：「意志力到底是什麼？」

我曾對紐約某家公司的韓國籍管理者王先生說：「你喜歡發脾氣，部屬害怕、甚至討厭你。你非常想改正這個毛病，因此經常找員工談話，試圖安撫他們的情緒。但越是如此，他們就越害怕，因為不知道你的意圖是什麼。

「你向我抱怨主動示好的策略沒有效果，但你要知道：**真正的意志力不是外向，而是內向。每當你準備對員工發火時，意志力是無形拉住你的那只手，或是當你想放棄時，在後面推你一把的那股無形力量。**」

王先生的大嗓門和動不動就發火的急性子，讓他在業界的名聲如雷貫耳。我去他的公司做調查、培訓員工時，就聽到不少他的小道消息。有員工說：「他何止是偏執？他還是虐待狂！我敢肯定，他到美國不是為了工作賺錢，而是因為韓國人把他趕出來，他逃難來到美國。這種人不管在哪裡都不受歡迎，只能在外面流浪。」

這樣的批評很刺耳，但代表大多數員工的心聲。王先生說到這件事，總是愁眉苦臉，有些手足無措。我仔細觀察他和員工相處的過程，從工作決策、問題商討到流程監督，以及當工作出現錯誤時，他抱持的態度和採取的手段。

我的調查助理列出厚達三十二頁的問題清單，是對王先生最真實的描寫，他的確需要一張意志力清單幫他掌控情緒，否則他只好離開這家公司，也許他會成為該公司第一位被員工趕走的高階主管。

關於專注、自控與效率

為什麼保持專注力和控制意志力是件難事？一旦和伴侶吵架，總會演變成互相指責的批判大會？減肥計畫制定了無數個，體重卻總是難以下降？控制不住購買欲，只要看見喜歡的商品就自動掏出錢包？把寶貴的時間用在社群軟體和線上遊戲，引起家人不滿也毫不在乎？明知不對卻仍然亂發脾氣，連好意相勸的人也謾罵一通？

一切的失控與放縱，都是你沒有掌控好意志力的緣故。一個人能否成功，意志力的重要性總是排在第一位。它比天賦更重要，也比人際關係和家族背景更具決定性。

排名世界前一百名的富豪當中，至少有九十位都在採訪或自傳中，提到強大的意志力對成功的影響。而且，他們都有意志力清單，利用正確的訓練來鞏固、提升意志力，並且控制情緒，保持冷靜思考。

長久以來，人們覺得強大的意志力是卓越人物才具備的特質。但是，華盛頓州立大學的波特教授告訴我們：「**意志力是每個人與生俱來的東西，它不僅是心理科學，也是情緒的管理術**。只要從現在起不斷注意、確認你的意志力，並且運用意志力的清單，你就能成為情緒的主人，不再受到負面情緒控制。」

● 意志力需要經常鍛鍊

意志力隱藏在潛意識中，因為難以在腦海中形成圖像，捉摸不定，所以它是虛幻的能量。但它像肌肉一樣只要經常鍛鍊就會增強，因此應該經常使用，檢測它的能力。

意志力能讓你在適當的時候，鼓起勇氣、抵制誘惑。即使失敗也沒關係，不斷嘗試並加強訓練，最終就能夠穩定心態，控制影響情緒的因素。

● 意志力總量有限

然而，意志力就像地球上的石油資源一樣有限，只要使用就會減少，因此寶貴的意志力應該用在最重要的事情。需要注意的是，當負面情緒開始作亂，是意志力最薄弱的時刻。越是放鬆，越要採取保守戰術，阻擋誘惑，不給自己接觸誘惑的機會。

利用情緒清單記住負面情緒，小心應對。我對公司的所有員工有一條規定：晚上十點以後不得去酒吧等場所。這個規定防止我和員工的意志力被無節制地濫用。

●用任務清單強化意志力

運用完善、有效的任務清單，自我管理平時生活和工作，讓每件工作都能順利完成。獲得成就感時，意志力也會增強。

因此，我建議王先生列一份「不能做的事情」清單，規定他絕對不能發脾氣的事情，必須嚴格遵照執行。幾週以後，他發現自己的情緒改善許多，也開始戒掉罵人的習慣。

鍛鍊意志力的八個步驟

●注意意志力透支

當你需要倚靠意志力完成目標時，先評估自己當下的體力、專注力及能力。如果各項評估結果過低，表示你的意志力即將透支，因此別再強迫自己冒險執行任務。你應該休息，並整理情緒，重新儲備能量和意志力。

● 瞭解自己的極限

意志力不可能源源不絕地供給，認清自己的能力極限，別制定目標過高的任務。萬一意志力透支，挫折感可能給你更大的打擊，讓你陷入悲觀的情緒中。

● 設定鍛鍊意志力的目標

建議在鍛鍊意志力時，將目標的難度從低到高排列。不論是規劃任務或開始行動，最好從意志力要求較低的環節起步，慢慢提高難度，循序漸進。從小事開始，而不是妄想一步登天。

● 用任務清單分配意志力

當我們越想忽視未完成任務，它反而越會出現在腦海中，像蒼蠅不停地打轉。要解決這個問題，你只需將未完成任務寫進清單，並且規定完成時間和執行步驟。放鬆緊張的情緒，心情便能獲得平靜，也不必分散意志力應付煩躁的情緒。

●小心對付錯誤的計畫

不論再怎麼謹慎，錯誤的計畫總會出現。我們容易對未來過於樂觀積極，也可能高估自己的能力。形勢越好，越要小心計畫錯誤。你可以回想：自己過去進行的類似計畫中，是不是有過當頭棒喝的教訓？建議你可以請有經驗的人幫助審查計畫可行性，提供有益的指導。

●巧妙地使用拖延戰術

「延遲滿足感」是鍛鍊意志力十分有效的方法，已被廣泛地使用在各個方面。例如：當你非常想停下手中重要工作，去參加社團的足球比賽時，告訴自己完成工作後再考慮。在工作完成後，你也許已經對足球比賽毫無興致。

●在關鍵時刻強迫自己

另一個比較強硬的方法，是列出強制計畫清單，寫下在規定時間內必須開始和做完的事項，並特別保留時間。時間一到，便強迫自己行動，不允許同時做其他事情。這能夠激發我們的意志力，每完成一次，意志力就加強一分，並且在清單的幫助下養成確實完成的好習慣。

●列張監控清單

不管工作進行到哪一階段，監控細節都是重要關鍵。準備一份監控清單，記下每天的工作細節，並定期覆核。監控清單幫助你看清現實，瞭解未來應該採取的手段。

單獨一種清單的力量有限，同時綜合使用多種清單，能提高你的積極度，激發自身的主觀能動性（編按：主觀能動性是指，結合思考與實踐，主動地、自覺地、有目的地、有計畫地反作用於外部世界），並且管理情緒，保持對生活和工作的專注。

意志力鍛鍊清單

範例

本月目標：每天走 1000 步

獎懲 達成率達 90%，去日本旅遊五天

Monday	Tuesday	Wednesday	Thursday	Friday	Saturday	Sunday
	5 / 1 ✓	5 / 2 ✓	5 / 3 ✓	5 / 4 ✓	5 / 5 ✓	5 / 6 ✗
5 / 7 ✗	5 / 8 ✓	5 / 9 ✓	5 / 10 ✓	5 / 11 ✗	5 / 12 ✗	5 / 13 ✗
5 / 14 ✓	5 / 15 ✓	5 / 16 ✓	5 / 17 ✓	5 / 18 ✓	5 / 19 ✓	5 / 20 ✗
5 / 21 ✗	5 / 22 ✓	5 / 23 ✓	5 / 24 ✓	5 / 25 ✓	5 / 26 ✓	5 / 27 ✓
5 / 28 ✓	5 / 29 ✓	5 / 30 ✓	5 / 31 ✓			

本月達成目標天數：24 天

本月未達成目標天數：7 天

本月達成率：24 / 31＝約 77%

達成目標：（×）　下個月再努力

- 可參考本書第二課第 077 到 080 頁。
- 意志力鍛鍊清單只要每天確實完成，不僅可以獲得獎勵，更可以提升你的意志力！
- 在清單上方寫下你想做的事情，例如：每天快走 30 分鐘等。
- 清單上方寫下「獎懲」，設定達成目標後可獲得的獎賞或未完成的懲罰。
- 若當天完成目標，請在當天日期打勾，若沒有做到則打叉。確保每天都可以做到後，即可進行下一個目標。
- 在清單下方計算達成天數及達成率，並且圈選是否達成目標。

研究結果顯示，思考的時間越長，情緒波動越激烈

道格斯是加拿大蒙特婁大學（Université de Montréal）的心理學博士，專門研究思考及潛能開發。他認為：利用清單式思考，可以減少大腦活動的時間，較能保持平穩及樂觀的心態。**清單的第一個作用是減少無效的思考時間，第二個作用則是降低焦慮，拓展思考視野。**

他一直希望能夠從生理層面探究情緒根源，他說：「人類大腦的思考核心區域一直是未解之謎，我們希望能逆向研究思考機制。我們分別提供不同的情境給八十名參加實驗的志願者，同時掃描腦部，觀察他們的腦波活動。有清單協助的人腦波活動更低、思考效率更高，是否意味著情緒的波動更少呢？」

實驗證實道格斯的判斷正確。實驗專案成員同時評測參與者的樂觀、焦慮和憂鬱數值，以及其他情緒狀態，結果證明清單對思考產生正面影響。他說：「樂觀和焦慮感竟然都會受清單影響，這是不是表示我們的大腦喜歡條理分明，潛意識也喜歡邏輯清晰的事情？」

顯然，實驗結果和我們的判斷相當接近。我們可以說：「大腦的自然反應讓我們能夠應對各種複雜的突發狀況，而且它的運作機制也如同清單。潛意識會抗拒凌亂和複雜的東西，因此我們總是對缺乏秩序的事物感到頭疼，造成思考效率下降。」

波音公司（The Boeing Company）是許多飛行規則的締造者，包括飛行手冊在內，飛機的駕駛控制、顯示系統及清單系統都是由波音設計。飛行手冊中的內容也許一輩子都用不到，可是一旦需要使用，就能拯救飛行員的性命。

飛行手冊中的清單在訓練時存入飛行員的大腦，一旦有緊急情況，清單可以馬上幫助飛行員，不必在生死關頭還要思考救命的辦法。

蒙特婁大學的道格斯博士提出結論：「思考時間確實和焦慮相關，如何才能降低負面情緒呢？樂觀當然是其中一項因素，但只靠樂觀是不夠的，我們更應該關注如何產生樂觀的態度。」

● **清單讓人保持樂觀的心態**：方向明確、務實的清單能加快思考的速度，減少消耗無謂的精力，讓人看見目標，並加強可行性。簡單地說，伸手可得的東西才讓人最能掌握。

● **減少思考時間就是提高效率**：減少思考的時間等於增加產能，獲得更高的思考效率，才可能產生積極、持久的心態，減少消極的思想。

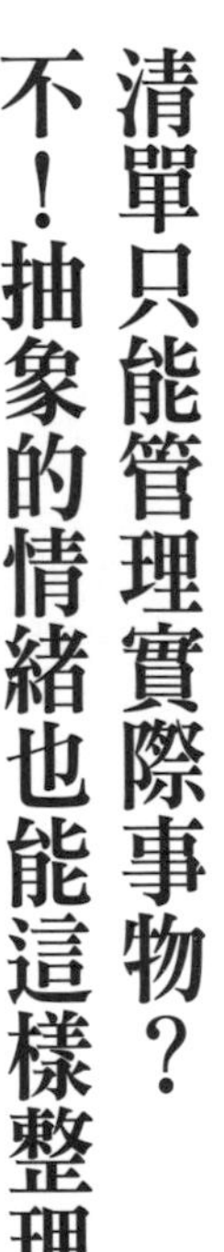

清單只能管理實際事物？不！抽象的情緒也能這樣整理

壓力清單的作用是記錄焦慮，並找出對抗和舒緩壓力的方法。

- 感覺任務一件接著一件，時間根本不夠用？
- 工作壓力大，讓你喘不過氣？
- 無止盡的瑣事佔據所有時間，連休息幾分鐘的空閒都沒有？
- 一想到接下來要面臨艱鉅的任務，就頭暈眼花，很想睡一覺？

測試壓力的方法非常簡單：放下手中工作，到安靜的地方倒一杯水、聽一首歌。三十分鐘後，若你的腦袋仍然沒有脫離工作，仍然感覺有一堆的事情要做，各種待辦事項在眼前晃來晃去，表示你的壓力已經到達極限。

我經常在工作繁忙時，暫時遠離辦公桌、關掉電話，沖一杯咖啡，把壓得我喘不過氣的事情都寫出來，例如：手上的專案、他人的請求、投資任務、耗費精力的私人問題等。

把它們工整地、條列式地寫到紙上，能讓我看見所有待辦事項，設法把它們從腦海中剔除，不在腦袋裡嗡嗡作響、佔據思考。但更重要的是接下來的工作。如果你列好清單，卻沒有進一步的作為，清單就失去功用。我會寫下將來如何解決它們：包括採用的辦法、資源、需要的時間等。它既是清單，也是一份計畫。

在這個過程中，我刪掉不必現在執行的任務，把最緊急重要的事項放到前面，不緊急的事項放到最後，重新分配時間，設想備用計畫。完成後情緒暢快舒爽，好像將一塊大石頭移出大腦。

純粹評估壓力不可能消滅或消除它，但可以減輕緊張壓迫感，同時為往後的工作奠定良好基礎。

寫出壓力來源，解放大腦意志力

第一個原則，具體寫出讓你感到壓力的事，例如：正在做的重要工作和待完成任務、不想去的公務出差、煩不勝煩的瑣事、沒有時間完成的旅行計畫、困擾許久的感情問題、讓人為難的請求等。

不需要排序，先隨意地把壓力來源列在清單上，再評估壓力指數；也不需完整列出，當大腦感到新的壓力時，可以隨時增加。

必不可少的步驟：對問題進行備註

列出清單之後，在每項任務的旁邊快速記下如何解決。例如：

- 可以刪除
- 可以主動地取消

- 可以委任給他人去做
- 可以推遲幾天，等到有時間再做
- 需要尋求他人協助
- 需要盡快完成的優先順序
- 需要另外安排機動時間
- 能幫助我解決工作壓力的人

如果能夠刪除某項任務，第一選擇是取消它。如果可以委任他人去做，也不要親自處理，把它授權出去。這樣一來，你的壓力清單就可減少幾項，爭取更多的時間調整身體和精神狀態。

清單的核心原則是：優先解決緊急且重要的事項。在評估壓力和備註時，預留足夠的時間，將大部分的精力用來解決優先任務。你可以將大任務拆解成許多小任務，降低整體壓力。把看起來複雜、艱鉅的工作，分為幾個階段，比起大目標，小目標更容易實現。

寫字的時間，是自我對話的好時機

我改革公司的清單系統，鼓勵員工不要使用電子清單，而是使用紙和筆。現代有許多便捷的電子工具和網路工具，但我寧可選擇用傳統的方式製作清單，讓人遠離網路，和內心對話。

每天早晨起來，把自己要做的事情列在筆記本或是一張紙上，完成以後在上面打勾。日復一日製作這些清單，並裝訂起來，將來回過頭看到自己取得的成就，便能體會清單的作用。

誠實面對自我情緒

我們在全美推廣三十個情緒管理課程，其中「與自己對話」這門課得到超過八五%學員認同。他們認為與自己對話，最能列出完整的不良情緒清單，並且在對話和思考的過程中找到正確解決方案。

與自己對話的基本原則：

第一，不要逃避負面情緒。如果事情沒有做對，或者你採取不合理的行動，負面情緒便是懲罰。要消除這些情緒，必須認清負面情緒如何造成你的痛苦。

第二，確立基本準則。例如：和自己對話時，坦白訴說潛意識中的真實想法，不要回避問題。**誠實是不良情緒清單的基本守則，沒有人能對自己說謊，也不要企圖嘗試欺騙自己**，這會讓你付出更大的代價。

造成負面情緒和壓力的七個壞習慣

● **以偏概全：你只看到好處，沒看到壞處**

當你注意到一件事物或一個人的優點時，有沒有從其他角度找出它的缺點？不要一廂情願地相信它能帶給你的幫助。或是，某件事情真的完全對你不利嗎？你有沒有試著找出它的好處呢？人容易以偏概全，判斷問題時容易過於肯定或過於否定。

但是，一個方面不行，就代表全部都不行嗎？過去不行，就表示現在和未來也不行嗎？你應該全面客觀地看事情，既要看到收益，也要看到風險，以及未來可能的變化，並且以長遠眼光評價自己、判斷別人，克服偏執的心理。

●完美主義者：試圖找到一切問題的答案，只想得到最好

你是完美主義者嗎？有的人在事情過去後還反覆思考：如果我當時做了相反的選擇，結果又會如何？這種情緒是完美主義的變形，因為這個問題永遠沒有確定的答案，卻讓煩惱源源不斷。

完美是人們在心理不平衡時想像出的產物。過去是已經確定的歷史，而非必須繼續追問的謎團。學會接受不完美的結果，即使是技術標準要求極度嚴格的行業，也不可能永遠出現完美的事物。世間萬物的好與壞原本是平衡的，在不完美的狀態保持平靜，才能獲得高效率的人生。

● 隨心所欲看似自由，最終卻為自由所困

隨心所欲是情緒化的表現，想做什麼就做什麼，缺乏清晰的目標和長遠的藍圖。理性且成功的人不會隨意揮霍青春，不做無用的事情。

● 固執而不知改變，執著讓你徒增煩惱

把全部心思聚焦在某件事情上，將使身心憔悴。執著、堅持己見就能實現目標嗎？我見過太多理想主義者執著不放棄，勇往直前卻仍不可得，結果降低人生的品質。

請試著思考一下：假設你是一名旁觀者，看著他人因為固執而陷入痛苦，難道你不會想勸他放棄堅持己見嗎？我建議人們為自己保留備用計畫，在頻頻碰壁時及時考慮後路，嘗試其他的目標。世界上可以做的事情還有很多，固執而不知改變是非常愚蠢的行為。

● **總認為自己最可憐，渴望他人同情**

有的人總是迷戀淒苦可憐的事物，甚至使自己陷入悲觀的情緒中。你必須扔掉讓自己痛苦的情緒，主動走到陽光底下，而非刻意讓自己痛苦不堪。

● **害怕對他人有所虧欠，全年無休關心他人**

有些人害怕虧欠他人，因此總是試圖彌補，恨不得二十四小時在旁邊侍奉，對方有一點兒不高興就寢食難安。有時自己認為這是彌補，對方卻可能認為是施捨。然而，對方的得失和悲喜與你有什麼關係呢？過度關心對方的一舉一動，可能反而讓雙方的關係更加糟糕。

關心別人很重要，但你應該多關心自己，考慮如何對自己好一點，每天思考是否過得開心，把開心留給自己。

● **你希望需求全被滿足，變得貪得無厭**

人們心中都有貪欲，沒有人能絕對地克制，但並非所有的需求都應該得到滿足。你會發現很多的事情不能如你所願，目標也不一定能夠完美實現。

懂得知足常樂，才能淨化思考。過分的貪欲會讓你踏上不歸路，所以應該克制自己的欲望，建立能接受失敗的心態，並將這種精神貫徹到清單中。除了活著，其他任何目標都可以放棄。

知識點

情緒清單的編寫原則：管理情緒，讓思考有效執行。

1. 列出所有的負面情緒：

負面情緒清單必須客觀面對所有的不良情緒，將它們全部條列出來，並且備註如何發生，分析情緒產生的情境。

2. 解決影響意志力的因素：

哪些原因導致意志力下降？用意志力清單找出這些因素，並解決問題。

3. 尋找和擴大積極因素：

列出能產生樂觀情緒的因素和情境，放大及擴展這些因素，並且努力保持。

4. 釋放壓力：

情緒清單的目的是減壓。寫下解決的辦法，告訴自己應該怎麼做才能保持輕鬆，不只是列在紙上就結束。

第三課 建立「大數據社交模型」，有效處理人際關係

網路的擴張正史無前例地改變社交圈與生活。你需要準備社交清單，它不只是管理人際關係的工具，還可以提升社交品質，幫你規劃符合未來大數據思考的社交模型。

原本良好的人際關係，為什麼瞬間風雲變色？

「為什麼有些人突然莫名其妙不理我了？」

「我默默為他做了那麼多，他卻一點都不理解我，反而對我有意見。」

這些問題顯然是許多人的煩惱。西伯澤爾是通用電氣加州分公司的市場部副主管，在洛杉磯有棟佔地一百八十平方公尺的大房子，事業春風得意，家庭生活幸福，但他覺得自己和最好的朋友巴里之間，一定有什麼天大的誤會。他對巴里一直很友好，最近卻換來對方的白眼和不理不睬，連電話也不接。

西伯澤爾既委屈又生氣，覺得信心受到打擊：「我不明白造成這個變化的原因，但直接問顯得太沒有風度，我真的做錯什麼嗎？」

有時你斬釘截鐵地認為責任不在自己，也做出示好的舉動，但和某個人的關係還是不受控制。他故意躲著你，不接電話、不回訊息，打招呼也是敷衍應付、沒有誠意。還有人甚至會讓周圍的人一起孤立你。

為什麼人際關係會出現這種困境？

真的都是因為對方變了嗎？

我決定幫助西伯澤爾尋找答案，究竟是多麼嚴重的事情傷害他和朋友的關係？為了幫助他重建友誼，我特意打電話給巴里，表示想聊聊他們之間的事，沒想到巴里也正感到委屈。

我和巴里約在公司附近的一間咖啡館，巴里一臉遺憾地說：「我已經記不清上次和那傢伙一起喝咖啡是什麼時候的事，他自從升職後就忘記我這個朋友。以前每當週末，我們幾個老朋友都會找個地方聚會聊天，每月看一場ＮＢＡ球賽，或者到高爾夫球場試桿。但最近兩個月都沒有看到他，他是大忙人啊！」原來這就是問題所在。

從西伯澤爾的角度來看，自己沒有做錯什麼。他原本是加州分公司的第三主管，兩個月前受到總部提拔，一躍成為公司員工眼中的風雲人物。同時，他的工作更加忙碌，只好暫時犧牲私人聚會的時間。但是，導致朋友誤解的原因就在於：他沒有及時與朋友溝通和交換意見。所以從巴里的角度來看，西伯澤爾成了飛黃騰達後就忘記朋友的人。

對於社交狀態的轉變，需要利用清單維繫雙方的友情，避免快速的生活節奏影響日常交往。只是傳送貼圖並不能解決誤會，你應該準備自己專屬的社交清單，讓它管理你各個層面的社交關係。

溝通不良，也是社交障礙的一種

社交問題也會影響你在同事和朋友眼中的形象，人們容易誤解你的行為，就像西伯澤爾的某些行為，讓巴里無法認可。**但兩人沒有坦誠交流，才是造成雙方痛苦**

的罪魁禍首。另一方面，對於以下問題，假如你有兩條以上回答「是」，表示你有一定程度的社交恐懼：

- 你總是不願意成為大家注目的焦點人物嗎？
- 你是一個害羞的人？
- 你有些自卑，害怕讓人們發現自己不夠聰明？

事業成功的人，八〇%是因為擁有良好的人際關係

為了徹底改善西伯澤爾的問題，我對他提出一個建議：「建立朋友檔案可以幫助你管理重要的人際關係，不要再因為自己的失誤而發生誤會。用清單思考人際關係，並且管理你的社交狀態，可以避免你因忙碌而冷落朋友。」

我們身處互利互惠的時代，「認識多少人」不再是成功的專有名詞，更重要的是你能夠和多少人保持良好互動，就有多少人可以成為你的助力。社交是為了互動，不是為了增加朋友數量。

也許有人自詡認識成千上百個人，但他可能只和三、五個人保持互動，其他人都默默地沉在他的通訊錄大海中，久久才聯繫一次。假如你不清楚自己的朋友在做什麼，需要幫助時，也不知道誰能提供協助，這樣的社交有什麼意義呢？

一起經歷長大的過程，使相識變為最親密的知己

老同學是我們人生的第一桶金，也是最容易維持的關係，時間越長，彼此就越親近。畢竟同窗之情超越功利，而且是每個人青春年華記憶的代表。但畢業以後，你們可能會分散世界各地、從事不同的行業，彼此的聯繫必然減弱。

舉例來說，當十年後與老同學再次見面時，你才突然得知，他已經成為某一行業或某個專業領域的重量級人物，這時你想開口請求幫忙也會感到唐突。因此，走出校門時就該使用清單為同學建立檔案。

何不主動留下他們的聯繫方式，以便你定期溝通和交換最新的生活資訊呢？整理出你的老同學資料，做成清單並隨時更新消息。這不僅確保任何時刻都能聯繫，更在共同奮鬥、成長、掙扎的過程中互相陪伴。

當你有需要時，這份深厚特殊的關係可能超越同事、銀行，甚至一切機構能提供的支援，給予你極為寶貴的幫助，因為老同學能夠不求回報地幫助你。這筆人生中的黃金資源，取決於你如何對待。

雙方主動保持聯繫，成就歷久不衰的友誼

接下來，你要整理生活和工作中的朋友，建立你專屬的朋友資料庫。資料庫中除了對方的基本資訊以外，還應詳細記錄朋友的興趣、專長、聯繫方式等，例如：住址變更、工作上的變化等，時刻保持最新的資訊，以免哪天需要聯絡對方，電話卻打不通，或是好不容易寄出生日禮物，對方卻收不到。

假如你和朋友每週連絡一次，即便他更換手機號碼，也會第一時間通知你。如果你們每個月，甚至三、四個月才聯繫一次，他可能認為你們的關係沒有重要到需要馬上通知，可以過幾天再說，但幾天後他可能早已把這件事情拋在腦後。因此，不要嫌麻煩，哪怕只是一個簡短訊息，也要及時聯絡。

即使只有一面之緣，也可能成為你的貴人

還有一種關係是我們更應重視的。他們雖然不能算是朋友，但也不能忽略，例

如：我們在社交場合認識的人，雖然僅是交換名片，工作上也有過交流，但談不上有深厚交情，卻有長遠的潛在價值。

這類關係遍佈各行各業及各種階層，人們互相寒暄、交換名片後，也許長時間不再聯絡，但你不應該把名片丟掉，應該統一整理成清單，記下每個人的行業、工作性質和職位等，分類保存以備不時之需。

建立清單並分類管理的目的，並不是要刻意地結交重要人物，而是管理社交關係。很多人交朋友沒有功利心，甚至沒有好好地整理過名片，當有人打電話來，自己卻記不得是在什麼場合和對方交換名片，不僅氣氛尷尬，還可能影響雙方進一步的交流。

清單不需要統一的格式，你可以用電腦、筆記本或名片冊建立檔案，這些方法各有長處。不論用什麼工具，最重要的是和值得交往的朋友保持聯繫，假如等到需要時才想起對方，可能為時已晚。

社交清單

範例

基本資料	
暱稱：史提夫 **關係**：平面設計美編	
（可貼名片） **聯絡號碼／LINE ID**：stevedr123 **聯絡地址**：台北市中正區衡陽路 20 號 3 樓 **就職單位**：大樂文化	
◆ **優點** 修改設計快速 有個人創意、個人風格 版面設計漂亮、細心 作品數多 平面設計經驗長達 20 年	◆ **缺點** 設計費用比較貴 接案較多，時間不易配合 脾氣不好
◆ **備註** 專長 AI、PS 等平面設計	

▸參考本書第三課第 105 頁。
▸社交清單幫你管理工作及社交圈的朋友。
▸在基本資料填寫對方的暱稱或姓名，以及與對方的連結。
▸虛線下方可直接貼名片，或填寫對方的聯絡資訊。
▸在優缺點處，填寫對方在合作往來上的優點或缺點。
▸備註欄可自由填寫。

火腿店老闆能跟萬豪酒店總裁成為朋友，關鍵是……

亞特蘭大一家火腿店的老闆費什，曾在飯店當過十幾年的高級廚師，後來自己創業也很成功，他的火腿店開設三年來生意興隆，相當受到顧客歡迎。但是，費什並不滿足，他希望亞特蘭大所有的飯店都向自己訂購火腿，於是他把目標放在當地萬豪酒店的總裁哈特，並列為最優先客戶關係。

費什從萬豪酒店的官網上找到哈特的聯繫方式，他每天打電話到飯店，表示希望可以交流。他也堅持每週去哈特的社交聚會，沒有邀請函的他會在門口等候，只為了和哈特見上一面，希望可以促成雙方合作。但三個月過後，費什的嘗試沒有任何結果。

費什決定改變策略。他收集哈特所有公開的個人資料，建立全面的資訊檔案分析後找到哈特的興趣。這位萬豪酒店的總裁是美國兒童權益保護協會的成員，經常出席兒童保護的相關活動，並且十分熱情地捐款。

於是，費什也開始參加這些活動，終於在一次募捐活動中見到哈特。當哈特宣布捐出五千美元時，費什也捐出同樣的金額，因此得到和哈特進一步聊天的機會。儘管兩人最後沒有聊到合作的事，但哈特主動請他把火腿樣品和價目表送到飯店。幾天後，兩人在哈特的辦公室深談，費什從此成為萬豪酒店的火腿供應商。

費什說：「現在我們不僅是商業夥伴，還是無話不談的朋友。如果沒有這個清單和重點式的聯絡，就算再給我十年，他可能也不會對我的火腿感興趣。」

有一天，史密斯拿了一本製作精美的手冊給我，並說：「你看，這是我的社交清單，已經有十七年歷史。」手冊用金屬圈裝訂，有一百多頁，貼著很多聯絡優先順序的標籤。清單筆跡工整清晰，每一位連絡人的電話、住址、工作、職位、生日及愛好等，全部都簡潔清楚地寫在上面，還有不同的分類：親人、親密朋友、合作夥伴、客戶、重點客戶。

光建立清單還不足夠，關鍵是與對方保持聯絡。清單是社交品質最有力的支援，每當你準備打電話或是傳送訊息給對方時，根據清單的個人內容，就知道談論哪些話題會讓對方留下深刻的印象。

成功的社交，不是和所有人建立穩定關係

如何用清單，與認識卻不常見面的朋友建立穩定的關係呢？人緣好的人都懂得分層管理，不追求與每一個體的穩定關係，而是區分層級。

根據研究，如果只是單純整理人際關係，而不使用清單，你很難同時關注超過五十個人，甚至沒有辦法維持彼此良好的關係，因為大腦的思考能力有限，會拒絕你的請求。

● **第一層：非常親密而且長期的朋友**

例如：幼時同伴、公司合夥人、認識十幾年的知己。把最親近的關係列入清單

第一位，不用特意經營這層關係，因為他們已經像親人一樣融入你的生活，只需日常聯絡。你們可能在生活和工作上有千絲萬縷的連結，隨時都在互動。

●第二層：親人和朋友

這一層主要以血親和興趣相投的朋友構成。前者是遠近不一的親戚，後者是因各種興趣和活動組成的朋友群，週末會相約參加活動，例如：足球比賽、高爾夫和理財俱樂部等。第二層級的人際關係則要定期予以關注，定期打電話給親人或連絡同好，因為如果有幾次活動你沒有參加，對方可能就與你漸行漸遠，或者對你產生不滿。

●第三層：工作相關的人際關係

工作上的人際關係非常重要，從上司、同事到客戶等，人員眾多、關係複雜。要整理這一層關係，首先你要從龐雜的工作關係中，找到志趣相同、能夠互相支持的人，並且長期、固定、熱絡地聯繫，加深雙方的感情，確保工作可以順利推行。

當你擁有自己的小群體，便能以此滲透周邊的群體。你會發現：在不同的群體之間，存在嚴重的資訊不對等，而從不對等的資訊中獲取資源，正是我們要努力的方向。你可能在銷售業為主的關係清單上，發現需要資金的創業者，同時在投資類的清單上看到有人拿著鈔票，在尋找合適投資的項目，你可以因此作為中間橋樑，讓資訊融合。

● 第四層：由前三層關係介紹的朋友

你和目標之間隔了一層關係，因此需要瞭解中間關係人與對方的熟悉程度，以及對方的評價，如果沒有特殊的需求，一般只是抱著試試看的心態跟對方打交道。在管理這份清單時，你可能可以先刪掉一大半人。

不過，仍然不能輕視它的價值，不少企業家因為這層關係，而得到融資或重要客戶。這不是上帝擲骰子或伯樂找千里馬，而是社交領域的機率遊戲，機率取決於中間關係人的品質。

● **第五層：剛開始聯繫但尚待觀察的關係**

例如：偶然由朋友介紹、臨時合作建立的關係，或是在俱樂部只見過一兩次面的陌生人，談得來但尚未深入瞭解。它在聯絡上沒有優先順序，只依靠你的第一印象和初步判斷。多數情況下很難破冰，超過九九％的人和你的聯繫不會超過一個月，更多是一面之緣，然後各走各路。但菁英就藏在這些人中，雖然可能不到萬分之一，仍然可以採取高明的聯絡策略：

● 主動發現活躍者，直接、坦率深入瞭解，建立定期聯絡機制。
● 找到共同點，讓共同點成為你們繼續聯絡的基礎。
● 如果無法維持聯繫，應該果斷放棄，重點維護前三層的關係。

從彼此之間的共同和差異互相學習

前美國總統柯林頓（William Jefferson Clinton）於在任期間重振美國經濟，也是極為擅長管理人際交往的專家。《紐約時報》（*The New York Times*）記者詢問他如何保持自己的政治關係網時，他回答：「我每天晚上睡覺前，會在一張小卡上列出當天聯繫的每一個人，以及其時間、地點和相關資訊，並輸入我的資料庫。」

社交清單記錄我們跟什麼人打過交道，以及可能跟哪些人打交道。清單的主角是人，因此它必須展現人的價值：

第一，你們之間的共同點。共同的興趣、行業、特長和價值觀等任何交集，是社交的基礎和話題。如果你不知道他人和你的共同之處，很難在溝通中說服對方，這也是行銷學和交際的真理。

第二，你們之間的差異點。我們總能夠從別人身上學習新的知識、新的價值。這部分雖然給人功利的感覺，但更顯現出學習的價值。你的社交清單上有多少人具有你沒有的東西？嘗試聯絡看看吧！他們可能是你的未來。

損友會帶來負能量，社交圈也需要用清單整理！

史密斯年輕時認識幾個喜歡泡在夜店的朋友，時常帶他到芝加哥各大娛樂場所花天酒地，讓他一度荒廢學業。「當時覺得好玩，以為這才是享受人生！但幾年後才發覺自己必須為此付出代價，許多知識都是我離開大學後才重新補習的。」他遺憾地說：「如果重來一次，我會離他們遠一點。」

交友不能盲目氾濫，史密斯大學時代的密友，曾經是他社交圈內最重要的名字，但現在呢？據說有人因為吸毒而成了流浪漢，還有加入黑幫的，或者是平庸的小職員。假如史密斯沒有把他們從清單上清理掉，可能會和他們一樣。幸運的是，他及時採取行動。

他的故事許多人感同身受，斯曼過去也深受有害朋友困擾，而且經歷過一段迷離的生活。他說：「有些朋友表面上和你親近，實際上卻是要拉你一起掉進泥坑。在酒吧裡，他們會笑著對你說：『見到你真開心，工作不順利吧？來喝一杯。』他們說喝酒、放縱是好事，可以釋放壓力，而你不小心就會因為美妙的藉口而上當。」這種友誼若不趁早結束，苦難將在後面等著你。

這些朋友經常拉著斯曼找地方喝酒，向他抱怨工作、生活、政治，甚至生命的意義，而斯曼也陪他們發洩，傾聽他們怨氣沖天的抱怨。當他試圖提出建議時，對方根本聽不進去。最後，斯曼精疲力竭，果斷放棄聯繫。

華盛頓州立大學的波特教授說：「**美國心理協會最近流行一個詞，叫『有毒的朋友』，越來越多人發現有些不快樂是朋友帶來的**。因此，你需要清單幫你擺脫可能毀掉自己生活的人。」

近朱者赤，近墨者黑

喜歡搞破壞的人表面親近你，暗中卻對你使壞。他們因為嫉妒，打著關心的旗號不斷打聽別人的隱私，並且到處宣揚，試圖置你於不利。許多令你不快樂的事，可能正是那個跑來安慰你的傢伙做的。

滔滔不絕的人想盡辦法讓自己成為關注的焦點，讓別人繞著他轉。假如你把他視為主角，就只能老老實實地當他的聽眾，否則你們的關係可能隨時結束。

自私自利的人心中永遠只有自己，不管別人死活。你們的友誼可能只是他獲利的工具，一旦沒有利用價值，友情也將走到盡頭。相信我，世界上不少這種人。

慣於毀約的人視承諾如廢紙，你們可能約好去某地或去做一件事，你認真看待準備，準時出現，卻接到他的電話：「不好意思，我有事不去了」，讓原本的好心情瞬間破滅。更可恨的是：他經常如此且毫無歉意，因此讓你無法相信他的任何承諾。

玻璃心的人十分敏感脆弱，總向你哭訴或抱怨他的境遇，卻沒有解決問題的勇氣。他只希望一切都按想像的發生，但完全無法適應這個現實世界，無法承受意外。你彷彿是這種朋友的免費心理治療師，把大把的時間用來重複地開導他，卻看不到終點。

損友清單

範例

	受不了的壞習慣	如何應對？
● 阿輝	明明約定時間，但老是遲到。	對他不必準時，應該也讓他嘗到等待的痛苦。
● 彭特	個性太急躁、太情緒化。	離開他。
● 班納吉	總是抱怨工作過多、時間不夠。給建議他還對我生氣。	聽他説就好，不要多嘴。
● 吳民士	表面上對人客氣，私底下卻到處散播別人的謠言。	遠離這種人，以免哪天變成自己受害。
● 王大陸	成天炫耀他的成就，對於別人的成就則不屑一提。	保持距離，人不犯我，我不犯人。

- 可參考本書第三課第 115、116 頁。
- 損友清單幫你管理生活中總是造成你困擾的朋友。
- 每個項目填寫一位朋友，寫下姓名，以及對方如何造成你的困擾。
- 試著想想這位朋友對你來說真的重要嗎？如果重要，你應該如何解決現在的困擾？如果不重要，你是否可以和他保持距離？
- 如果你試著解決目前的困擾，但沒有改善，請考慮離開這位朋友。

面對有毒朋友，你必須主動打破染缸

如何對付喜歡搞破壞的朋友？在這類人面前，你要有自信，不要讓他的行為，特別是破壞性行動，干擾到你的正常生活。

我們不可能完全改變別人，最好的辦法是減少交往，把他從朋友清單上劃掉，甚至在某些時候可以不接他的電話，讓他有自知之明。在適當的時候暗示他：「我不喜歡你這樣」，或是「我不把你當回事，而且早就看穿你了，請你以後別再用這種方式和我打交道」。

如何對付滔滔不絕的朋友？和朋友一起承擔愉快和悲傷的心情，是作為朋友的義務，但同時也要表達自己的建議。

如果他僅將你視為聽眾，不關心你的意見，那麼你也不需考慮他的感受，在他喋喋不休時做自己的事情。必要時明確地告訴對方：「我有太多事情必須完成，可否等我有空時再聽你的心事呢？」若他不能理解，你可以重新考慮和他的關係。

如何對付自私自利的朋友？每個人都有自私的時候，有些自私是能夠體諒的。但對於毫無原則的自私，應堅決回擊，不要害怕影響雙方關係，大膽地告訴對方：「你不能這樣」或者「我很生氣」。減少與這類人來往，將他從社交清單上除名，防止再一次被利用。

如何對付習慣毀約的朋友？若對方是個喜歡毀約的人，別把你們之間的約定當真。甚至你可以故意違反對他的承諾，讓他自食其果，明白毀約的行為會對他人造成什麼影響。最好一開始就辨別出不守信的人，關閉朋友的大門，不要寫進朋友清單。

如何對付玻璃心的朋友？可以給予安慰，但不要花費太多的時間在這類人身上，同時告訴他：「我無能為力幫助你，建議你找專業的心理諮詢師。」最好在合適的時機告訴他：「朋友沒有義務聽你無止盡的抱怨，如果你總是重複犯下相同的錯誤，不想解決問題，今後就不要跟我聊天了。」

基於現實掌握人性，你得擬定清楚務實的社交清單

華盛頓的公共關係專家說：「成功的政客和企業家可能在專業領域上一無是處，只依賴助理和智囊團做出判斷，但他們都是交際好手、出色的社交專家，無一例外。他們明白自己腳踏何地，知道如何務實地尋找並整理資源，建設高品質的人際關係。」

什麼是務實的社交計畫？如何做才能在好高騖遠與綁手綁腳之間找到平衡？在此引用一句《華盛頓郵報》（*The Washington Post*）的專欄中流傳已久的名言：「看看你想什麼，再想想你有什麼，然後決定站在哪個位置。」

你的社交關係太過複雜？

有些人四處曝光、活躍於各種社交平臺，看似呼風喚雨，可實際所得有限，表面的風光並不能為他帶來任何正面收益；而有些人總是隱藏在閃光燈的背後，很少看到他出席社交活動，但是沒人會懷疑他的社交能力。

虛擬時代的來臨，讓我們不出門仍然可以擁有豐富的社交生活，**在社群網站上關注名人、與名人互動，甚至能找到一堆好友。但它不是我們需要的清單，它談不上務實，甚至不如在外面到處曝光。**

你必須先思考自己需要什麼樣的社交關係：我目前有多少朋友？我的工作有什麼的要求？生活上有什麼需求？我希望未來增加多少朋友？在清單準備期就完成這些步驟，你可以把它貼出來，寫上自己的答案。

清單也有好壞之分，如果你的社交清單上面寫滿不切實際的目標，就是一份壞清單。例如：一名從沒接觸過金融市場的學生，適合把華爾街的操盤手列為自己的社交目標嗎？對陌生領域保持敬畏，是保守卻安全的原則。

不管怎麼說，你該做的是告別虛擬社交，走出同溫層和你的舒適圈，進入陌生人群。如果彼此能夠相互感興趣，並且進行交流，你會回歸社交的本質，開闊視野，獲得全新的體驗。

社交的本質，是人與人的交往

●訂立一份健康的社交清單

社交的本質是人和人之間的心靈交流、坦誠和互相學習的態度，因此要杜絕譁眾取寵、自私自利及墮落，保持清單的健康，充滿活力的社交關係應該時刻展現相互督促的作用。我們打的每一通電話、見過的每個人都應該健康積極，至少不能有太多負能量。

●社交的核心是人，不是利益

無論是普通朋友，還是純粹以商業合作為主的客戶，本質都是人，利益固然重要，但不能依附在人身上。糟糕的社交總是因利開始，而利盡結束。你應該為自己設立原則：交朋友不是來挖掘利益。儘管利益不可缺少，但兩者間的定位不同，會形成明顯的差異。

清單幫你踏出社交同溫層

- **計畫的目的要單純**

(1) 我的社交現狀：客觀情況。
(2) 我的社交目的：想認識哪些人？
(3) 我的社交環境：環境限制和條件約束。
(4) 我的社交方向：多數情況下和職業相關。

- **注重清單和解決問題**

(1) 清單的分類：不同類別的關係人。

(2) 價值區分：人們能為我解決什麼問題？
(3) 價值提供：我能為人們解決什麼問題？

● **有延續性的計畫**

(1) 時間清單：涵蓋未來五到十年的社交計畫。
(2) 始終如一：保持自身的形象前後一致。
(3) 興趣與關注點：長期互動，共同進步。

這份社交計畫有清晰的脈絡：社交首要重點是「我的需要」，而清單則是「我們的需要」。優秀的社交清單能精確、全面和有效地在你與他人之間搭起橋樑，整合資源、建立交集。互相的需求決定清單的形式和目的，而不是清單決定人。因此，不要妄想一張清單就可以解決一切問題，應該根據現實整理你的社交關係，換一種思路，在不同層次解決問題。

知識點

社交清單的目的是解決人際關係問題，不僅是關注和約會。

1. 核心是人性：

社交不是完美的數學方程式，它的核心是人性，清單僅是輔助工具。

2. 聯絡層級：

將需要重點聯繫的朋友列在第一層關係，盡可能將社交資源和時間重心，放在這些關係上。

3. 關係檔案：

利用「關鍵字搜索」建立朋友檔案。你可以總結他們相同和完全不同的地方，分別用一個詞語代替，例如：「銷售」、「同鄉」等。這種方式也適用電腦檔案。

第四課

幸福也可以統計！讓家庭成為「正能量來源」

隨著社會的發展，家庭的功能已經發生變化。家庭清單又可稱為家庭統計學，是家庭和睦的基礎。沒有使用清單的家庭，可能八〇％都不算真正幸福。假如你想和一個人共同成長、白頭到老，必須重新審視與家人的關係。

想與家人共同成長、規劃未來？讓清單來幫忙

妻子回憶起十幾年前，事業剛起步時的家庭生活，當時我們各自埋首於工作，家裡亂糟糟的狀態好像無人打理的倉庫，連地板上的灰塵都沒人在意，兩個人每天在家的閒暇時間，加起來不超過兩個小時。當然，主要的清理工作都是由妻子完成，因此她有資格批評我：「你真是一個完全不懂家庭生活的人。」

隨著年齡增長，我才對家庭生活有更成熟的認識。如何才能打理好家庭呢？從統計學的角度來說，家庭就像工作一樣，有獨立的原則和資料庫，合作是秩序的基礎，在家庭尤其重要。因此，每個家庭都應該堅決地貫徹清單制度，一起記錄幸福，才能共同回憶幸福。

這些年我堅持為家庭生活設立兩個清單：一個記錄共同成就的家庭回憶清單，

我、妻子和女兒都可以在厚厚的本子上，記下自己認為是家庭成就的事項。例如：女兒會寫下她在學校取得的優秀成績、自己新設計的作品。「這是我們一家人的共同成果，」她驕傲地說：「我寫下來是防止你們記不住。」

另一個是待辦事項，之前經常因為加班而忘記女兒的禮物，為了防止違背對女兒的承諾，我格外重視待辦事項清單，不僅會隨時記下來，同時會在手機上設置提醒。

利用兩個清單統計家庭生活，就能保障大部分的家庭事項順利進行，甚至可以說：如果沒有這兩個清單，八〇%的家庭都不算真正的幸福。

越親近的人，反而越不瞭解彼此？

如果夫妻之間不能共同成長，很難保證家庭的幸福。舊金山一家諮詢機構的調查顯示：妻子對丈夫的抱怨大多來自丈夫的隱瞞，而非來自金錢或是情感關懷。有位女士在電話中說：「他總是瞞著我，好像有什麼事情不能跟我說。我事後知道並非不忠之舉，有時是事業上的挫折，或是他想跳槽或轉換工作的想法，但他就是不告訴我。」這位女士的抱怨不無道理，因為溝通斷裂代表生活不同步，兩人的思緒沒有融合，沒有建立共享機制。

先生則懷疑：「如何才能共同成長？難道要把我的祕密都告訴她嗎？」事實上，所有的家庭成員都有祕密，但不代表要隱瞞重大事件。我和妻子的共同成就清單就是很好的方法，任何積極的想法都可以寫在上面，另一個人可以隨時查看。如果有必要，對方就會跟你溝通。即便沒有時間溝通，你們在潛意識和情感面也是同步的。

組建家庭只是完成階段性任務，如何提高家庭生活品質的任務才是關鍵，難度也更大。共同成長是家庭幸福的保證，雙方都有責任奉獻自己的力量。

組成家庭不代表人生的成長就可以結束，反而因為共同成長，才有可能一直幸福下去。**一個人跑在前面，卻將另一個人扔到身後，即便前者取得高成就，也不計較獨自承擔家庭重任，最後兩個人也很難幸福。**

家庭回憶清單

範例

家庭成員姓名：父親　高原

自己填寫事項	其他成員感想
10/15　獲得奇異公司專案	
11/08　衣服口袋找到 1,000 元！	把拔請客！（女兒） 請客！（媽媽）

家庭成員姓名：女兒　高富美

自己填寫事項	其他成員感想
11/02　段考成績全班第 2 名	
12/07　撿到 100 元送到警察局	怎麼不是 1,000 元（兒子）
12/10　聖誕節我想去迪士尼樂園	**我們去迪士尼樂園玩吧！** （媽媽）

- 可參考本書第四課第 128、129 頁。
- 家庭回憶清單讓你和家人，分享全家的回憶及喜怒哀樂。
- 每一表格由一位家庭成員使用，填寫家中成員姓名。
- 在左方空白處填寫日期，以及你想分享的事情和成就。
- 若空白處寫不下，可使用新的一頁。
- 右方可由其他家中成員填寫感想。
- 可搭配照片記錄家庭回憶。

相處是兩人三腳的合作過程，不是接力競賽

我有個學生在中國國內學過工商管理，後來帶著女朋友一起到美國發展。兩人是大學同學，有相同的專業。到洛杉磯以後，他一邊工作、一邊進修，還在週末假期自費參加許多培訓，進步非常快，但他的女朋友卻是另一種狀態：找份行政工作，就不再考慮未來如何發展。

他發現兩個人的生活出現問題：自己在成長，女朋友卻原地踏步。更可怕的是他們缺乏交流，沒有共同目標。雖然兩個人即將組成家庭，但對家庭未來的構想有巨大的分歧。他恍然大悟：「這應該是我的責任，我沒有抽出時間跟她溝通，還刻意冷落她。」

兩個人同步是非常重要的，不要一個人已經跑到前面，另一個人卻被遠遠扔下。一個人的幸運卻是兩個人的悲劇，也是家庭不穩定的因素。

史密斯說：「頻繁有效的溝通協調，以及制定家庭會議制度，可以避免這種悲劇。將這些方法寫進家庭回憶清單，可以保持兩個人對共同生活的信心。」

列出吵架清單，即使發生爭執也有雙贏的結果

如果吵架是家庭必需品，你和伴侶多久爭吵一次？
兩個人每月吵架兩次以下才算正常嗎？
雙方主動引起爭吵和主動和好的比例分別是多少才最合適？
一般而言，夫妻之間爭吵輸贏的比例分別是多少，才是健康的家庭關係？

人們會關心這些話題，是因為它普遍出現在家庭生活中。我對爭吵的觀點可能與傳統認知不同：以家中的男性來說，和伴侶一千次的爭吵中，男性贏了三百到四百次的比例是最健康，也是最安全的。你可以試著用清單記錄一下，每隔一段時間計算自己勝利的機率。我相信，你將得出和我相同的結論。

吵架，大多是過去的事情引起現在的反應

把清單貼在牆上，在彼此心平氣和時，把容易引發爭吵和分歧的事項寫進清單，是一個避免爭吵的好方法。逐一分析和尋找解決方法：為什麼這些事情引發爭吵？有沒有辦法不爭吵便把問題解決？

你會發現其實問題沒有想像中那麼嚴重，在尋找解決辦法的同時，清單還會告訴你們今後該如何應對。當吵架次數增多時，吵架清單特別重要，你們要像兩個律師談判，坐下來冷靜地思考，把注意力集中在問題上，不要情緒化地指責對方。

接受對方的不完美，才是真正的愛

如果你總是試圖強行改變伴侶，或是希望對方在自己的威權和掌控之下，結果往往適得其反，容易令對方產生強烈的牴觸心理，甚至做出激烈的舉動，例如：語言或暴力衝突，你應該思考並記錄自己是否做了不恰當的事情。

伴侶之間不管發生任何不愉快的衝突，都應該採取同樣態度撫平過去。**彼此之間的苛求、抱怨、指責、憤怒、諷刺或詆毀，都將破壞家庭和諧。這些負能量不僅造成爭端，還會摧毀彼此的信任，腐蝕原本積極向上的關係。**在清單上記錄生活中溫情的片段，讓彼此可以一起重溫這些美好回憶，冷靜下來後再討論解決的辦法。

充分反省的同時，表達對局面的憂慮與對伴侶的關心，這一點並不難做到。在對話時，提醒自己多從對方的角度出發，而不是一味地要求對方在意你的感受。

吵架，只是找出問題的開始

與伴侶相處就像跳一曲華爾滋。華麗浪漫的同時，舞者兩人必須踏著一致的步調。不論因什麼發生爭執，吵架清單確保結局能夠雙贏且步伐協調。

不要事事回答「你自己看著辦」，這個反應經常是點燃衝突的引線。相反地，你可以表達自己的看法，並且傾聽伴侶的建議。保持低姿態溫和表達、認真傾聽，並且一起做出決定。

給予伴侶更多的鼓勵。當對方犯錯誤，尤其是當他應負更多的責任時，也不要過分訓斥和苛責他，更不可算總帳。我認為秋後算帳是非常不理智的行為，應該徹底把它從大腦中刪除。不管是誰的錯誤，主動鼓勵對方，回想兩人之間有趣的事情，從清單獲得解決問題的力量。

家人吵架清單

範例

填寫人	問題	目前狀況說明	如何解決問題	問題已解決？
媽	誰負責接孩子下課？	4 月份 媽媽 20 天 爸爸 2 天	事先分配接送孩子的日程，另一方也需隨時幫忙	✓
爸	投資理財疑慮	妻子想投資不動產，我想投資外幣基金	尋求銀行理財專員協助，確認投資風險再出手	✓
爸	浴室排水口總被頭髮塞住	女孩子掉髮不清理	每天洗完澡後，自己清理	✓
媽	女兒不想去學校	女兒去學校前常鬧脾氣，而且不肯說出原因		
女兒	老是找不到衣服	洗乾淨的衣服不知道被放到哪邊？	自己的衣服自己收	✓
兒子	媽媽給的零用錢不夠	一週才 100 元	減少花費，或是整理二手物品販賣	✓
兒子	想養寵物	同學家養了狗，我也想養，但爸媽不肯	試著參加動物園遊會？生命教育？	
媽	外婆生病需要人照顧	夫妻工作忙碌，想找看護		

- ▸參考本書第四課第 134 頁。
- ▸吵架清單記錄家人爭吵（或可能引起爭吵）的原因，家人都可以填寫。
- ▸請寫下填寫人姓名。在「問題」寫下（可能）造成爭吵的原因，並且寫下「狀況說明」。
- ▸冷靜地思考，在「如何解決問題」處寫下你的解決方法，並且與對方討論。
- ▸確認問題已解決後，請在「問題是否已解決」打勾。
- ▸吵架只能讓問題浮出檯面，請記得爭吵後也要努力解決問題。

追求極簡、戒掉物質依賴，讓生活更自由

不久前，我們進行一次調查培訓活動。安排公司顧問前往學員的家中，幫助他們找出不再使用的物品，我稱它為「無用品」。顧問進入學員家中，和他們一起坐在地板上檢查物品，清理家庭雜物，並且詢問學員自身從來沒想過的問題：

「你還需要這個嗎？我們可以把它丟掉嗎？」

「上一次使用這個東西是什麼時候？」

「你還喜歡這個東西嗎？或是要不要扔掉它？」

這個活動很有意思，學員經常在顧問的詢問下，才突然發現原來這件東西可以丟掉。他們花錢購買東西、擁有它們，卻害怕丟掉已經失去價值的物品。很顯然，在人們心裡在意的並不是物品，而是心理滿足感，「擁有」本身才是價值。這個活動讓學員知道：整理家庭從扔掉無用品開始，而且扔掉無用品的過程更有價值。

擁有得越多，就越幸福嗎？

去年秋天，我接到一位老先生從波士頓打來的電話。他是當地一家企業總裁，剛退休兩個月，每天都在發愁如何教育自己的孫子。他聽說這個活動，詳細瞭解其中的內容後，決定給孫子上一堂整理課。

調皮的男孩問他什麼是整理？他說：「丟掉我們不需要的東西。」孩子便跑到玩具箱旁邊，挑出一堆不玩的玩具，並告訴老先生，想把不再需要的玩具送給其他沒有玩具的小朋友。老先生陪孫子拿著玩具走過整個社區，把它們分送給十幾個小朋友。老先生打電話對我說：「我真的要謝謝你，這是個很有意義的活動，讓孩子從小學習捨棄不需要的東西，以及分享的重要性，我也受益匪淺。」

自這個活動開始推展以來極受歡迎，目前已遍及全美及中國三十個主要城市。有學員感慨地說：「丟掉幾樣東西後，才突然感到『自由』。那是一種由內至外的放鬆，身體和精神彷彿卸下重擔。」有對夫妻說：「以前我們覺得家裡到處都是用不著的東西，但總是下不了決心清理。真的丟掉物品時，才發現原來不是『需要』在作怪，而是佔有的心理主宰了頭腦。」

丟掉無用品是頓悟的過程，相當於重新啟動大腦思考。「放手」讓家庭空間擴展，一位學員評價這種感覺是「意外的驚喜」，好像房子忽然多出幾平方公尺。

雜亂的環境，也是負能量的來源

任何人都可以整理自己的家，為家庭創造整潔的空間。我過去是個懶惰的人，父母對我的評價是：「這個孩子是家裡的垃圾製造器。」我的房間和宿舍到處都是髒衣服、破爛的雜誌、漏氣的籃球，還有四處散亂的紙屑，因此學生時代有非常多不好的記憶。讀大學後情況稍有改變，但無用品依然相當多。大學的英語老師告訴我：「**乾淨的空間非常重要，它能讓你的心情也變得乾淨。**」

這不只是空間概念，還是思想的問題。我開始嘗試整理，制訂人生中的第一張無用品清單：

- 二十多本不再看的書，送人
- 兩雙已經不穿出門的運動鞋
- 一台按鈕徹底壞掉的小型答錄機
- 一箱子的紙張，全是數年前的練習題

儘管思來想去、戀戀不捨，但把它們丟掉後，我獲得前所未有的輕鬆感，更有繼續打掃房間的動力，甚至還主動幫宿舍的同學整理書桌，令室友目瞪口呆。整理後的房間不再有異味，空間也增大，好像回到剛搬進來時的感覺，而以前經常莫名其妙產生的怒火與抱怨也一掃而空。

推廣無用品清理活動，讓我感到最驚訝的是：許多人的家裡有不少無用物品，但是他們不明白，為什麼有這麼多無用品，在家裡放了這麼久的時間。一位參與者從衣櫃角落翻出一個小箱子，裡面放著自己五年前買的、早就破掉的襪子，藏在看不到的地方，悄悄佔據著這個家。

拓展空間不是件壞事，但是對把無用品留在家中的人來說，他們根本沒有思考，也沒有清單意識：「怎麼做才能讓家庭的空間井然有序？」人們忙於工作，幾乎不思考這個問題。我們藉這個活動，喚醒人在整理空間時的清單意識，認識清除無用品的好處。

心想要的，比你需要的更多

對於部分人來說，好像擁有越多的東西，越不會感到悲傷和痛苦。我在活動中注意到：有些人在丟棄無用品時，會出現短暫的焦慮和不安，如果是夫妻可能還會小爭吵。我搬起學員整理出來的大箱子，和另一名顧問抬出去準備扔掉時，有些人看起來神情緊張、坐立不安，或是死命盯著我的手。他們表現得膽顫心驚，讓我頓生憐憫之心：這些無用的東西竟然是他們的精神依賴。

現在，人們太過重視擁有的物品價值，卻忽視過多的無用品會損耗幸福感。我去朋友家做客，朋友有時會在家門口不好意思地說：「家裡太亂了。」我也直白地說：「既然你都覺得亂到客人無法進門的程度，為什麼平時不清理一下呢？」我說的次數多了，朋友也漸漸養成定期整理的習慣。

如果你實在不知道該怎樣丟棄無用品，不清楚如何判斷物品的價值，試著問自己兩個問題：

「我為什麼需要這個東西？」

「如果不需要它了，那麼我究竟想要什麼？」

擁有過多物品會導致難以清晰思考。能冷靜地回答這兩個問題的人並不多，更多的人喜歡先留下再說，他們認為也許日後用得著。但正是這種思考方式讓家庭變得越來越擁擠，以至於需要更多清單才能加以分類。我在活動中也發現，對無用品戀戀不捨的人，很少思考和注意什麼才是真正重要的東西。

你應該多考慮未來，而不是現在擁有的價值。許多妻子特別在意丈夫為家庭貢獻了多少，例如：存多少錢、買了多少傢俱電器、幾套房子等，這種現象在中國更明顯，濃厚的攢財思維讓中國人不願意清理家裡的任何東西，更不用說扔掉。在中國人眼中，他的家中可能沒有一件無用品。

不要把眼光侷限於當下，甚至深陷過去和已毫無價值的事物，應該從未來的角度思考問題。這就是我建議設立無用品清單的原因：幫助你丟棄不再重要的東西，開始享受真正的自由。

他總是茶來伸手、飯來張口？你需要家務清單來分工

妻子每天早晨起來都會家庭大掃除，我知道那是多麼龐大的工作量，因為我曾經用了上午整整四個小時才完成，但她總能在一個小時內輕鬆結束。我很驚訝她如何做到，於是虛心向她請教。原本我暗暗懷著「女人擅長思考家務問題」的藐視心理，但她的回答讓我大吃一驚，讓我不由得慚愧。

她說：「你知道嗎，我每天晚上睡前要花兩個小時，考慮家裡的東西怎樣歸位？有哪些地方需要清潔？有時我還得設計家務流程，以節省三十分鐘讓我去做自己的事情。」

家務中大多數的家務都是由她處理，包括洗衣、做飯、接送女兒上下學等，而她毫無怨言，這更讓我感到慚愧。我的妻子並非理應如此，她曾是洛杉磯一家公司的市場部主管，年薪高達七十萬美元，後來他因為家庭需要，而主動辭去工作，在家中扮演半主婦的角色。如果有閒暇時間，她還會幫我分擔公司的工作。

在中國，女人和男人一樣擁有自己的事業，不只為家庭貢獻薪水，還在家務上創造出難以想像的價值。假如用家政行業的標準，以人民幣計算，洗衣服每小時二十元、打掃每小時十二元、照顧孩子每小時三十元、洗碗做飯每小時十五元、整理衣服每小時十元。

如果每週洗一次衣服，一次兩小時，其他家務則按一小時計算，妻子每月在家務上，創造至少兩千一百七十元人民幣的價值，每年則有兩萬六千餘元人民幣，幾乎達到二線城市的年平均工資。也就是說，在丈夫完全不管的情況下，妻子為家庭貢獻兩份薪水的勞動。

共同生活中，有時候妻子的貢獻更大，但往往不被看見。透過家務清單，即便一方完全不做家務，也能感受到另一方為家庭做出的犧牲和貢獻，創造多麼驚人的價值，這也是我積極宣導一定要有家務清單的原因。

培養分工合作與負責任，從家務開始

家庭是兩人共同所有，沒有誰能逃避責任。妻子在評論我的家務分工時，說過一句讓我終生難忘的話：「你當然可以什麼都不幹，只要你別吃我做的飯。」這句話說得特別實在，在這個家什麼都沒做，憑什麼嘴巴一張便享受別人勞動的成果呢？因此，我在家時總會幫忙做家務，這也為女兒樹立榜樣，讓她看到父母兩個人都對家庭負責，使她從小就學習家庭分工。

共同合作是完成家務最好的方式，家庭成員在清單中找到各自的角色，培育並且提高對家庭的責任心。

花錢容易、賺錢難，清單可以讓每一塊錢都花出效果

在某次投資心理學講座中，波特教授引用一句話：「**聰明人控制錢，笨人被錢控制**。」他對當下流行的家庭理財表示擔憂，因為不少積蓄有限的夫妻，把八〇%以上的收入都投入股市，導致家庭開支吃緊，甚至難以為繼。

為什麼要建立家庭開支清單？

為了防止人們被投資市場的泡沫和假象蒙住雙眼，幫助我們從微觀和宏觀的角度規劃，並建立長遠的家庭理財。把每一筆錢記錄在賬冊上，花出它應有的效果，開源節流，才能實現家庭儲蓄的積極成長。

清單幫你精打細算

清單可以幫助我們控制金錢，查詢它的去向。學員徐先生分享他的微觀開支清單，上面記錄每天、每月的家庭支出。為了提醒自己和家庭成員，他會定期公佈這些開支給家庭成員。花錢容易但賺錢困難，稍不留神，金錢可能成了自來水。

以人民幣計算徐先生一家的每月開支：

(1) 家庭固定費用

寬頻費：七十五元／月
電話費：三十八元／月（基礎費用）
物業管理費：四十八元／月
電費：兩百元／月（月均）
水費：五十元／月（月均）
瓦斯費：五十元／月（月均）

清潔工：一百元／月（月均）

合計：五百六十一元

(2) 丈夫個人費用

抽煙：三百元／月（月均）

交通費：一百元／月（月均）

吃飯：三百元／月（工作餐基本費用，不包括其他應酬）

其他：五百元／月（其他意想不到的支出）

丈夫合計：一千兩百元

(3) 妻子個人費用

吃飯：四百五十元／月（工作餐月均）

逛街：五百元／月（按最低費用）

水果：七十五元／月（按最低費用）

快遞：五十元／月（按最低費用）

其他項目：三百元／月（按最低費用）

妻子合計：一千三百七十五元

(4) 其他費用

除了以上羅列出的基本支出之外，其他費用，例如：交際費平均每月四百二十元，也是按照最低標準統計。

這樣算下來，徐先生一家每月的基本開支約為三千六百元人民幣，折合一年便是四萬三千兩百元人民幣。他感慨地說：「不算不知道，一算嚇一跳。我本來想把僅有的五萬元存款拿去投資朋友的一個計畫，現在已經打消這個念頭了。」

清單幫你開源節流

一次在中國舉辦的課程中，學員曹先生分享自己家庭的宏觀開支清單（如下圖）。

雖然這個清單並不精確，但整體符合標準，相當具有參考價值。

曹先生說：**「我沒想到自己一生要花掉三百六十五萬元人民幣，這一筆鉅款令人無法想像。剛看到這個數字時，我很驚訝如何才能賺這麼多錢？」**

支出項目	金額（萬元）	備註
購房和裝修費	55	一百平方公尺的房子，中等水準的裝修
購車和維護費	90	購車十五萬元，另加換車、保險、油氣及其他費用
子女的教育費	30	從出生到大學畢業，不包括國外留學
父母的贍養費	43	夫妻雙方的父母共四人
日常生活支出	120	按兩千五百元／月的最低標準，及旅遊每年一萬元計算
退休後的費用	27	以夫妻兩人退休十五年，及每月一千五百元的標準計算
總計	365	不包括其他隱性支出

單位：人民幣

如果沒有清單，我們都想不到自己一生的支出會是個天文數字。有了開支清單後，曹先生和家人在花錢變得更加理性。他和妻子本來計畫下個月去東南亞旅遊，預算為一萬五千元，結果兩人商量後共同決定：「取消此次不必要的旅遊，把這筆錢存起來。」

清單幫你看清理財投資的風險

十年前，我和妻子曾為了理財發生爭執。當時她十分看好高盛公司（Goldman Sachs）的一款基金，聽完朋友的推薦後，兩小時就做出決定。妻子說：「我想買這款基金。」我問她想投資多少錢，她說三十萬。隨後我提出一個關鍵問題：「你有這個投資的長期計畫嗎？」她不高興地說：「能賺錢就可以了，我為什麼要考慮那麼遠？」

我本來打算講個故事，但談話的氣氛不是很好，她眉頭緊鎖，看起來快要發火。半小時後我將這個故事寄到她的電子信箱，希望她再考慮一個晚上，等到第二天上午再做出決定。

這個故事是說：兔子和烏龜比賽投資理財，並且請老實憨厚的黃牛當裁判。黃牛說：「現在有兩個產品，你們可以自己挑選。第一個產品是每年定期定額地投資五千元，平均年收益率為一〇％，共投資七年，第八年後就不再追加投資，僅用原來的本金與獲利再繼續投資，同樣每年可以獲利一〇％。第二個產品，則是從第八年開始投資，同樣能每年年初定期投資五千元，一年也能獲利一〇％，連續投資三十年。請你們選擇其中的一個方案參加比賽，等到第三十七年時，再來比較誰賺的錢更多。」

乍聽之下，這兩種投資方式差不多，但好像後者賺得更多。兔子想了想，馬上選了第二個方案。烏龜選擇兔子放棄的第一個方案。結果，三十七年後，兔子發現烏龜只用三．五萬元的本金，就賺到八二．七七萬元，而自己花費高達十五萬元的本金，卻同樣賺到八二．二五萬元。烏龜在與兔子的競爭中又一次成為贏家。

這個故事告訴我們：**理財不是隨機選擇的事物，不能僅憑第一印象，就認定某筆投資一定能帶來高回報，而要善於對比分析，做出最佳選擇。**分析的過程應透明公開，特別是動用家庭資產進行投資時，絕不可一人獨斷。列出清單，由家人一起分析，充分判斷不確定性和隱藏的風險，再做出安全的決策。

我的妻子看完這則故事後，次日清晨就放棄投資，再也不輕易聽從他人的誘惑，購買自己不熟悉的理財產品。

開支清單和理財清單為何這麼重要？因為「吃不窮，花不窮，計算不到就受窮」。用清單分析，花費便一清二楚、理性透明。家庭成員支出和投資家庭的共同積蓄，要利用科學、精細的統計方法，而不是依靠想像和猜測採取行動。

理財清單的主要目的是發現問題，而非創造收益。人們總覺得理財是為了賺錢，卻沒有意識到理財同時存在風險，有賺就有賠，沒有人可以例外。制訂理財清單的目的，就是為了幫助自己發現隱藏的問題。

運用清單的方式思考和分析，就能及時發現並解決問題，減少不必要的損失。降低風險就等於創造收益。

知識點

家庭支出及理財調查：看看你是否善於管理家庭財務？

1. 年收入超過 150 萬元時，你如何支配家庭儲蓄？

繼續存錢？為什麼：

拿出一部分投資？比例是多少：

2. 平時你會制定家庭開支清單嗎？

如果有，堅持多久？

如果沒有，你怎麼管理家庭收支？

3. 當你的理財清單出現短期的投資波動時，怎麼辦？

你會立刻結束投資？理由：

繼續持有？理由：

4. 現在，談談你對家庭清單的認識？

寫下你的看法：

NOTE

/ / /

第五課

訂出「每日作息」，你就不再瑣事煩身

同樣水準的收入，為何別人逍遙快樂而你卻疲於奔命？清單有哪種功能，能夠簡化生活思考方式？違背簡潔原則的代價總是相當慘痛，清單告訴你：對生活做減法，讓每一分鐘都成為享受，而不是負擔。

今天又是負能量爆表？清單幫你與瑣事劃清界線

有的人問我：「生活就是每天吃飯睡覺，這麼簡單的事誰不會，難道也需要清單才能變得更美好？」他講得也有道理，人類身為地球上最強大的生物，生活是天生的本能，不需要他人傳授。但是，想生活得更好，不是僅靠普通的思考模式就容易做到的。

豐富的生活也需要極簡化

現代人大多處於緊張忙碌的狀態，但很多時候生活應該簡單、明確、輕鬆。一張恰如其分的清單，能夠幫我們簡化生活。清單讓我們第一眼看到就能感受到簡潔和輕鬆。

利用清單清理不必要的雜念，找回清澈的心境。當你感覺自己的生活一團亂時，簡潔有方的生活清單可以讓你重新找回快樂，它的首要功能是清理內心的雜念。寫下影響生活的煩惱，排好順序，再逐一分析煩惱的來源，並有效地清理，便能重新找回清明的心境。

簡化思考也是稀釋欲望。人們在生活中有源源不斷的欲望，和各種欲罷不能的野心。買了大房子，想買大別墅；買了高級車，還想購置遊艇。再加上和親戚朋友、社區鄰居做比較，每個人都使勁向前衝，總覺得不甘心還有許多東西自己沒有得到。

史密斯說：「在我二十歲時，每天失眠都在想自己為何過得不如意。」**強烈的成功欲望刺激人的積極態度，但欲望過多也會使人無法靜下心，享受當下已經得到的幸福。**為什麼要列清單幫助簡化思考？就是要切除這些欲望的腫瘤，刪掉不合時宜的野心。只有內心寧靜，思考才能更清澈。

與瑣事劃清界限的工具

生活清單的原則是少而精，但並非鼓勵你捨棄大部分生活事務，而是抓住主線、處理重點、建立秩序。對你來說，簡潔有序是生活現狀，還是渴望達成的目標？清單指導你為生活做減法，便能創造更精簡的生活，理順你的思路。

●拒絕清單：寫下自己應該拒絕的事

用心思考這句話：「否定即是另一種形式的肯定。」學會拒絕不必要的事情，生活將變得更加簡單，思考的效率也能大大提高。你可以把平時應該拒絕的請求、欲望列成清單，時刻提醒自己，為這些負面因素建立拒絕原則。

例如：假日時有人請你去酒吧、夜店；有人找你一起炒股賺錢等。如果你不想做，最好馬上拒絕，不要為了面子而輕易答應對方。

●生活狀態清單：標記重要資訊

生活中的資訊包括手機簡訊、備忘錄、財務狀況、家人等事項，別讓它們分散保存在手機、筆記型電腦和大腦中，而要統一管理，以免疏忽關鍵資訊。我建議在這份清單上再細分和歸類，每天或每週固定時間重溫、整理和增刪。你必須特別標記重要資訊，有利於你追蹤這些事項的完成情況。

●帳號清單：保存常用和重要帳號

將過去一年裡經常使用，而未來會繼續使用的銀行卡、會員卡、網站、會員帳號等重要帳號記下來，放進專門的清單中，別再關注其他不使用的帳號。每當忘記某個帳號時，拿出清單查詢，既節省精力，又不影響生活的心情。當然，要確保這個清單的安全。

●郵件清單：精簡常用信箱

建議你培養專用信箱的觀念，把它應用到生活中，根據需求將信箱分成工作、朋友、家庭的固定郵件信箱。這三個信箱便是你最重要也是最常用的，其他不論是傳統信箱還是電子郵箱，都可以精簡或讓它們退出清單。另外，將自己的信用卡和其他銀行的帳單，全部改為固定的電子郵箱接收，更方便管理。

● **健康清單：設定工作與休息的時間**

統計一下你久坐不動的時間有多長？健康清單是個計時器，也是保護身體的護身符，它會時刻提醒你站起來走一走，只是十分鐘也對健康有利。告訴自己每坐下三十分鐘，就起來走動五分鐘，搖搖頭、伸懶腰……等，防止損傷腰、頸椎，傷害健康。

我們平時休假在家時也應該如此。長時間坐在電腦前看娛樂節目，和在公司處理文件，對身體造成的傷害是相同的。

生活清單讓我們精簡有序創造更快樂的生活，專注和高效率管理生活中的大小事。當你能落實以上這些清單，你的生活就會出現變化，不僅心情輕鬆，各種事項也會變得井井有條，處理起來從容不迫。

健康才是本錢，想擁有規律的作息，你只要……

我們長時間研究影響人們身體健康的因素，卻很少關注身體機能如何影響潛意識及思考能力。思考僅僅是大腦的專利嗎？在我看來，身體決定了意識的活力，在無形中主宰著人的思考效率。

加州大學醫學院的朱曼教授說：「生活方式對健康的影響占了六〇％以上，剩下不到四〇％的部分，分別是氣候、遺傳、社會環境和醫療的影響。」當有人詢問吃什麼藥才能改善健康狀態時，朱曼總是建議他們恢復正常作息，而不是在身體透支後，才急著用藥拯救。

工作不是你生命的全部

有一次，朱曼在當地醫院看診，一名病人認為自己罹患重病，心急如焚地找他：「醫生，我是不是得了什麼重病？」他雙眼發紅，面容憔悴，步履蹣跚，全身散發著一股死亡的味道。朱曼讓他做了幾項一般身體檢查，血、尿都沒問題，但心律不齊，營養不良。朱曼問他最近睡眠狀態怎麼樣，吃飯如何。這個病人沮喪地說：「我好久沒有安穩睡覺，也吃不下飯。」

最後，朱曼開給他的藥方是：到外面找間餐廳大吃一頓，然後迅速回家睡覺。而且告訴他睡不到十個小時不要起床。

「這名病人是一名電腦工程師，早起晚睡，每天有七個小時都在電腦前度過。這七小時內，他不會起來活動，只是偶爾喝杯水，等他感覺到飢餓時，可能已經黃昏了。」朱曼感慨地說：「工作如此強力地支配生活，人們等到身體出現問題時，才能體會到健康有多麼重要！」

生活方式決定我們的人生是否成功，它比事業成功還重要，因為具有更致命的影響力。每個人都應該更妥善地管理生活方式，有很多清單可以幫助你達到目的，關鍵在於：你自己是否願意主動思考。

身體健康，不是你一個人的事

威爾金森住在英國的貝德福德（Bedfordshire），在一家研究所上班，並領導整個研究小組。他是個聲名遠揚的工作狂。研究小組最近得到一筆經費，開始展開某個研究專案，這使他更瘋狂投入工作，夜以繼日地工作和顛倒的生活規律，最終對他的生活造成影響。

他的妻子美蓮娜說：「他喪心病狂破壞自己的生活，簡直和那些人體自殺炸彈客沒區別！我拒絕讓他進入臥室，也不想在任何地方見到他。」美蓮娜數次想與他離婚，都被法院駁回，難道法官也是不規律生活的支持者嗎？

威爾金森因為法官的「仗義執言」，越發猖狂地遺忘正常生活，晝伏夜出潛行於研究所和住處的車庫之間，甚至對朋友笑談：「我準備把『專案的成功』獻給她和孩子，那時她就知道什麼叫『偉大』了！」

不過他沒有等到這一天。美蓮娜留下一封信，悄悄搬回美國加州南部自己的父母家。分居後，美蓮娜拒絕他探視孩子，生怕孩子沾染他的生活惡習。她在電話中冷漠地說：「我並不反對你的工作，相反地，我很支持。**但我反對你用這種方式工作，你知道嗎？萬一你猝死的話，我除了和別人一樣痛惜，還要和兒子一起承受他失去父親的痛苦。**」

這個事件讓威爾金森大為震驚，無法想像再也見不到兒子會是什麼感受。他深刻反省，寫下一份作息計畫表，決心改過自新。

● 7：30 起床

威爾金森以前五點就起來。但現在，他開始嘗試延後兩個半小時，因為醫生告訴他，早於這個時間起床，血液中會分泌容易引起心臟病的物質。他感到害怕，過去十年間自己的血液中積累了多少這種物質呢？

● 7：40　洗漱

他用二十到三十分鐘洗漱，不再像以前五分鐘清潔完畢出門。過去不正常的狀態，今天一切都要重新恢復正常。起床後立即刷牙，然後洗臉。不是為洗臉而洗臉，而是認真地準備一盆水，像舉行儀式那樣清潔臉上的每一個部位。這麼做能夠讓一天有好的開始，讓一天的工作和生活都順利，並在潛意識中給予積極的暗示。

● 8：00～8：30　必須吃早飯

威爾金森過去不吃早飯，但現在他將早飯列入清單，一次都不錯過。常年不吃早飯，不僅影響體力，還是一系列慢性疾病的源頭，例如：結石、低血糖、胃病等。有很多年輕人因為連續數年不吃早飯，過了三十五歲以後，才發現自己的腸胃功能嚴重下降，並且患有尿結石。

● 8：30～9：00　用步行的方式輕度運動

晨練時，步行比跑步更好，這是布魯內爾大學（Brunel University）的研究人員得出的結論，他們發現：在早晨跑步的人較容易感染疾病，因為這時人體的免疫系統正處於最弱的階段。正確的運動方法是步行，每天上午用半小時快走，能夠降低感冒的機率，並為一天開啟好心情。

● 9：30　處理今天最困難的工作

多數人在醒來的前兩個小時，是頭腦最清醒的時段，利於處理比較艱難的工作，思考重大問題。這時候，人的思維冷靜客觀，較能立足於現實，做出符合實際的決策。不過，需要較多創造力的工作不能放在現在。

● 10：30　休息十到十五分鐘

威爾金森多年來一直使用電腦工作，他要求自己每工作一小時，就靠在椅子上，閉眼休息五分鐘，聽十分鐘的舒緩音樂。

● 11：30　十五分鐘的水果時間

威爾金森發現自己在十一點左右血糖容易下降，他準備水果，感到飢餓時吃個柳丁或一些紅色水果，可以同時補充體內的鐵含量及維生素C，防止營養流失。

● 12：00～13：00　午餐時間

這一個小時的午餐時間，不看電視也不看手機，專心吃飯。

● 14：00～15：00　適當的午休

他要求自己午休一小時。根據醫學專家的研究，每天中午如果能休息三十分鐘或更長的時間，並且每週至少三到四次，罹患心臟病的機率將下降四二％以上。

● 16：00　站起來喝杯優酪乳，在辦公室走動

研究表明，長時間工作後喝一杯優酪乳，可以穩定血糖。特別在每天三餐之間喝優酪乳，有利心臟健康。另外，威爾金森在作息清單中強調步行，在辦公室的狹小空間無法做劇烈活動，也不宜有誇張的動作，但步行是有效的方法。

● 17：00～19：00　鍛鍊身體

根據人的生理時鐘，這個時間最適合戶外運動。威爾金森特意請教醫學院的朋友，朋友建議他每天下午的這個時段拿來跑步，但不要連續跑兩個小時，可以根據自己的身體狀況調整休息時間。

● 19：30～20：30　晚餐

過去威爾金森吃飯都是狼吞虎嚥，而且晚餐吃得特別多。這種飲食習慣對身體的危害極大，不僅會引起高血糖，還會增加消化系統的負擔，影響睡眠品質。現在，他決定吃六成飽，多吃蔬菜，減少攝取蛋白質和肉類。

● 21：45　可以看電視

這時候看電視放鬆，有助於睡眠。不過，要避免躺到床上看電視，因為會影響睡眠的品質，讓人太早進入休息狀態。

● **23：00　洗個熱水澡並且上床閱讀雜誌**

羅浮堡大學（Loughborough University）睡眠研究中心吉姆・霍恩（Jim Horne）教授說：「適當降低體溫有利放鬆和睡眠。」因此，睡覺前洗個熱水澡，再上床閱讀雜誌，睡意很快就會到來。

● **23：30　關燈睡覺**

他已經明白睡眠八小時的意義，因此到了睡眠時間，他不再像過去仍坐在電腦前，而是準時按清單規定鑽進被窩，閉上眼睛，排除雜念，直至進入夢鄉。

別當睡眠的小偷

執行清單的過程中，威爾金森也有懈怠的時候。他有一次沒有按清單規定的作

每日作息清單

範例

時間	每日作息	完成
09：10～09：30	部門晨會	✓
13：30～14：00	提交公文	
16：00～16：20	休息十分鐘，放鬆雙眼	✓
17：00～17：10	報告業務進度	✓
20：40～21：00	在住家附近散步快走	
23：50～24：00	確認公司網站更新狀況	✓
：～：		
：～：		
：～：		
：～：		

- 可參考本書第五課第 168 到 173 頁。
- 作息清單幫你養成良好作息的習慣。
- 不要填寫過度理想的時間安排，請填寫你現在正在實行的習慣，或是想要養成的作息。
- 請在「時間」填寫既定作息的時間。
- 請在「每日作息」填寫每一項既定作息。
- 保留自由時間，以便更靈活運用時間安排。

息時間睡覺，拿著平板電腦在床上繼續加班，深夜一點鐘時才突然發現：「我違反清單！」還有幾次他沒有按時吃飯，差一點前功盡棄。但是，他一想到自己好久沒見到兒子，就堅定意志貫徹下去。數月之後，他請求妻子的原諒，而美蓮娜的態度也比以前溫和許多，發現他的精神狀態確實有改變。

在作息清單中，最不容易執行的其實是睡眠之前的半小時，人們總喜歡再做點什麼，例如：躺在床上玩手機、看電視直到睡意來臨，往往到深夜一、兩點才迷迷糊糊地睡去。睡眠之前做的事情，決定我們第二天的生活品質。對此，清單要有一些強制性的規定，防止破壞正常作息，我們一旦違反規定，第二天就要接受更加嚴厲的懲罰條款，例如：今天晚睡半小時，明天就得早睡一小時。

除了認真工作與生活，你怎麼玩樂才是真正享受人生

我曾經是個假期觀念十分淡薄的人，覺得不過是不用去公司上班，早晨可以比較晚起，但假期中仍然有許多生意上的事情需要處理，生活並沒有改變。這觀念除了降低我的生活品質，家人也對此不滿，女兒頻頻抱怨：「爸爸根本沒有假期，因為假日他總躲進自己的房間工作。」

因此我決心改變，嘗試規劃下一個假期。當時耶誕節假期即將到來，我擬定一份計畫：

- 第一天傍晚：從公司回家，晚上帶家人去兒童樂園，看聖誕老人。
- 第二天上午：和家人一起逛街購物，為女兒買禮物。

- 第二天中午：和妻子一起準備聖誕夜大餐。
- 第二天晚上：和家人一起度過聖誕夜。
- 第三天中午：帶女兒外出參加親子活動。

雖然僅是幾個小目標、非常簡單的計畫，卻讓我從中嘗到甜頭。假期結束後，我突然意識到：要讓家人共度的時光充滿歡樂，必須透過規劃，才能享受生活中的幸福。

現實生活中，不少人放假後的實際狀態和節奏總是：「放假啦！」在假期開始時歡欣雀躍，假期中生活毫無規律，漫無目的。等到發現假期即將結束，開始為自己浪費的時間感到後悔與恐懼，上班前一天才哭著把該做的事情完成。

朱小姐在傳播媒體界小有名氣，與我有過業務合作。兩年前她在距離舊金山不遠的柏克萊地區（Berkeley）工作，即便她回去中國，我們仍透過郵件交流各種生活見解。她曾感嘆地說：「我總是對假期有各種不同的想像，想去聽音樂會、去西藏散心、去內蒙古大草原看鬥牛比賽，或去國外旅遊等。還沒放假時，這些想法已經塞滿我的大腦，打算把即將到來的假期安排得精采多姿，但是我連一次也沒有實踐。」

目標越宏大，立即實現的可能性反而越低。清單上的任務難度每增加一級，真正投入的精力反而會減少一分。因為潛意識總是告訴你實現它們非常困難，與其花費大量成本卻無法達成，不如想想就好。

因此，假期清單不能只是自我想像的夢幻之旅，而是要制定計畫並且努力實現，才不會白白浪費你的假期。

越完美要求，期待越容易破滅

凡事設想完美，結果往往不如意。同樣地，假期規劃越是完美，反而越容易令人失望。打擊人們自信心的，並不是個人能力高低，而是現實與目標之間的距離。有一次，朱小姐準備去海南島渡假，她開始策劃，幻想著雪白的沙灘和自由的大海，列出許多想去的景點。但最後她發現，要走完這麼多的景點，六天的假期根本不夠用。

她說：「光是花費在來回交通的時間就有兩天，而剩下的四天，每天也只能去兩、三個地方。」朱小姐前思後想，只好放棄許多期待已久的景點。為了一次夢想假期，你可能存錢多年，提早列好詳細計畫，但有時現實並不能如我們所願。人們在規劃時，總是容易忽略消極因素，造成他們最終失望。

哈佛大學的心理學教授布林說：「人們總是喜歡天馬行空地幻想，過於理想地想像未來，但這樣的目標又有什麼意義呢？」布林長期研究人們的生活目標，他認為：與經濟危機相比，美妙的幻想破滅時對人的情緒打擊更大。這是因為經濟危機發生時，人們首先會設想最壞的情況，但幻想總讓人認為目標一定能實現。

過去數年的觀察中，布林和心理學小組的研究人員發現：過度幻想可能會造成負面結果，導致人們採納虛假的資訊，忽略不利因素。即使經過仔細分析，人們仍會做出不適當的選擇，**對目標一廂情願，只選擇對自己有利的資訊**。

樂觀當然是好的思考方式，但積極樂觀不全是好事。對目標過於樂觀會影響結果，樂觀的想法必須建立在可行的目標，以及能力所及的範圍內。如果你對未來的

假期清單

範例

日期：2018.04.03～04.05

本次假期目的地：日本大阪奈良

【第　1　天】

上午　收行李　8：30 前往台北車站搭乘機場捷運

下午　桃園機場 12：40 → 大阪關西機場 17：00
阿倍野 HARUKAS 欣賞夜景

住宿地點：Hotel Osaka

【第　2　天】

上午　9：00 前往大阪環球影城

下午　整日在環球影城玩樂

住宿地點：Hotel Osaka

【第　3　天】

上午　前往奈良　東大寺、春日大社
參觀完回到大阪吃午餐

下午　大阪購物
20：00 搭車前往機場
大阪關西機場 23：00 → 桃園機場 01：00

住宿地點：Home

- 可參考本書第五課第 176 到 178 頁。
- 假期清單讓你依照假期目的地，安排假期活動。
- 請先在清單上方填寫本次假期的目的地。
- 分別填寫「第一天」、「第二天」等的活動安排。
- 分別寫出上午、下午的活動安排。
- 若須過夜，可填寫住宿地點，以便聯絡或緊急狀況。
- 假期是放鬆平日心情的最佳時機，別把假期計畫安排太過緊湊。

期盼過於樂觀，萬一目標難以實現，可能毀掉你假期的好心情。

規劃假期安排時，必須著眼現實。當你構想假期時，盡量設想各種不利因素，並排除理所當然的想法，才能真正享受屬於你的時間。重視客觀條件，不設定無法實現的目標，同時做好最壞的打算，試著思考：「萬一做不到該怎麼辦？」並為假期備妥備用計畫，防止意外事件打擊你的好心情。

因為想帶回滿滿的回憶和紀念，旅行時輕裝上路吧！

沒有出過遠門的人容易輕忽外出前的準備工作。人們平常十分關注出門旅遊要準備的東西，但關鍵時刻卻總會忽略這個問題。即將出遊時，我們總把能帶的東西全裝進包裡，彷彿恨不得把所有家當都帶上。然而出遊是為了放鬆、欣賞美景，不是被行李拖累得身心俱疲。因此，制定一份簡單精要的行李清單就非常重要。

出行清單的兩大基本

● 第一條，確認不能攜帶的東西

海外旅遊時，國家明令禁止的物品，例如：禁藥、毒品、槍枝刀械等，任何時候都不能攜帶。另外，飛航局規定的物品，例如：指甲刀等銳利物品和超過規定容量的化妝品，也最好列入托運的物品清單，否則在安檢時可能給你帶來麻煩。如果你是名吸煙者，打火機也最好不要攜帶。

如果你的攜帶物品清單上有音樂光碟或書籍，要確認它們不是仿冒或盜版產品，否則有可能為你帶來鉅額罰金等大麻煩。

●第二條，確認一定要攜帶的東西

根據出遊的目的地和天數，準備旅行的必需物品。無論出門多久，身份證件（包含護照）、金錢、金融卡、信用卡、手機、常用藥品和必要的衛生用品等，都是必須攜帶的東西。

日期和目的地決定攜帶物品的差異。出去兩天、五天和十五天，要準備的物品完全不同，去渡假旅遊或是工作出差，隨身攜帶的物品也有差別。如果是出差工作，工作上的資料、文件等當然是你必須攜帶的物品。

當然，攜帶的東西越少、行囊越輕越好，除非必要，不要攜帶又大又重的物品，它只會讓你的旅遊變成一次痛苦的旅程。

聰明打包，輕鬆上路

- **選擇合適的行李箱（包）**

若是公務出差，只需一個小型旅行箱便足夠。但如果是長途旅遊，最好準備一個能上鎖的行李箱，以及輕便背包。特別要強調，輕便背包或者手提小包能幫你減少行囊。在你到達目的地之後，外出時可以攜帶最基本的現金和身份證件等貼身物品。

- **身份證件、金融卡、信用卡、現金和文件**

身份證件包含身份證、護照等。不管到哪裡，絕對不能忘記能夠證明自己身份的證件，特別當出國旅遊時，必須保管好護照。否則你可能無法住進飯店、搭不上飛機，甚至回不了國。

現金和金融卡、信用卡等外出資金：出門隨時要花錢，除了應該隨身攜帶部分現金之外，還可以帶金融卡、信用卡。有時未必能馬上找到附近的提款機，也可避免隨身攜帶的現金用完而無法付款的窘境。

公務重要文件包含合作契約、資料等。如果是公務出差，務必帶上相關的工作檔案，其中可能包括筆記型電腦。如果是休閒旅遊，出遊時事先完成任務或是工作交接，可以避免進度停滯、問題無法解決的狀況。必要時，需要臨時處理的工作文件也應該帶上，防止任何業務意外發生。

● 手機及其他通信設備

在這個時代，相機可以不帶，但絕對不能忘記手機，我相信沒有人會懷疑這點。手機已經成為我們每日生活的必需物品，任何時候都少不了它，因此手機也是你行李清單上的必需品。手機的周邊設備充電器和行動電源也不要忘記。

若是要去偏遠地區旅遊的人，我建議有能力的人最好帶上一支衛星電話，以防離開手機收訊範圍。曾在山區或是遠洋旅行途中遇過危險的遊客一定深知衛星電話的重要性。

● 簡單的替換衣物

冬天外出帶的備用衣服會少一些，有一套可以替換的即可，夏天則需要多帶兩件，特別是貼身的衣物。

我認為牛仔褲非常適合寫進行李清單，因為牛仔褲耐髒又耐磨，很適合長途出行，在旅遊、出差時帶在身上，可以減少你攜帶的備用衣物數量。還有一雙舒適耐穿的鞋子，對旅途的舒適感至關重要。我有很多次旅遊經驗，都是因為鞋子不合適而影響心情。

● 個人基本衛生用品

如果在外面出差、旅遊需要住宿，不要遺忘個人的衛生用品，例如：毛巾、牙刷、護膚品、刮鬍刀等，女性可以再加上梳子、生理用品和化妝品等。除了避免衛生習慣不同帶來的困擾，也可以減少資源浪費。甚至可以考慮到達當地後再購買。

● 個人常用藥品

哪怕是半天的外出，也必須隨身攜帶個人必需藥品。許多人經常忽視這一點，在遇到緊急情況時才後悔不已。多少人陪伴年邁的父母出國時，忘記帶上父母的高血壓藥、降血糖藥而手忙腳亂？曾經有個統計：全美每年發生的類似情況，高達七千多例。

暈車藥、透氣繃帶、降血壓藥、止痛藥等，都是必不可少的隨身藥品，別忘記寫進清單。

● 娛樂物品

我們也可以帶一些能在旅行途中打發時間的東西，例如：書籍、平板電腦等。視出行時間長短，選擇是否需要攜帶娛樂物品？要攜帶什麼樣的娛樂物品？我的建議是，如果只是兩三天左右的旅行，最多只需帶一本書即可；如果是一周以上的行程，可以考慮帶上平板電腦。

● 安全用品

若是野外旅行，睡袋、防潮墊、繩子和防身用具不僅十分必要，關鍵時刻也可能是你的救命工具，因此野外旅行時必須攜帶。

出國基本行李清單

範例

日期：2018.04.03～04.05　目的地：日本

必帶物品					
✓	手機	✓	手機充電器	✓	Wi-Fi 機/當地 SIM 卡
✓	護照	✓	家用鑰匙	✓	錢包
✓	身分證件	✓	台幣	✓	外幣
輸入手機的資訊					
✓	機票訂位代號	✓	住宿地址、電話	✓	行程表
手提行李					
✓	行動電源	✓	化妝品、化妝包	✓	面紙、手帕
✗	折傘（各國規定不同）	✓	水瓶	✓	個人藥品
托運行李					
✓	盥洗衣物 _5_ 套	✗	生理用品	✗	隱形眼鏡、藥水
✓	沐浴乳	✓	洗髮乳	✓	護髮乳
✓	牙膏、牙刷	✓	洗面乳	✓	毛巾
✓	乳液、化妝水	✓	卸妝用品	✓	保養品

- 可參考本書第五課第 184 到 188 頁。
- 準備出國行李基本清單，完成後在左側空格打勾。
- 請先準備好必帶物品，首先放入手提行李包。
- 將機票代號、住宿地址、電話，行程表輸入手機，可以幫你減輕行李。
- 手提行李依個人需求準備，完成後放入手提行李包。
- 托運行李依個人需求進行調整，可攜帶試用包或是可在當地用完丟棄的用量。

知識點

家庭支出及理財調查：看看你是否善於管理家庭財務？

1. 簡化原則：

簡化、整理生活中的思考，分割繁瑣、複雜的事物，找出我們的生活方向。

2. 作息管理：

制定健康的作息時間表，並且嚴格遵守。

3. 目標管理：

目標不需要完美規劃，但一定要現實可行。重要的是保持主要的方向，提高生活的品質。

4. 物品管理：

用清單管理每次出遊，製作行李清單，提前準備，節省無謂的思考，可以降低犯錯的機率。

NOTE

/ / /

附錄

活用 10 種清單，強化正能量思考

※ 附錄為編輯部設計、整理

艾莉絲　信用清單　範例

所屬部門：市場部

承諾內容：六個月內準時 9 點上班　→具體說明

承諾說明：過去兩個月經常遲到，被要求準時上班。

主管：赫舍爾		評點	
1 月份	工作天數 22 天	準時出勤：19 天	準時出勤率：86%
2 月份	工作天數 15 天	準時出勤：15 天	準時出勤率：100%
3 月份	工作天數 23 天	準時出勤：22 天	準時出勤率：95%
4 月份	工作天數 19 天	準時出勤：19 天	準時出勤率：100%
5 月份	工作天數 22 天	準時出勤：22 天	準時出勤率：100%
6 月份	工作天數 20 天	準時出勤：20 天	準時出勤率：100%

獎懲內容
準時出勤率平均達 96%，提撥獎金 1000 元。

→具體說明獎懲內容

實施日期：1/1～6/30　　**主管簽名：赫舍爾**

- ▸可參考本書第一課第 051 到 053 頁。
- ▸請在本清單的標題寫上部屬的姓名。
- ▸請在承諾內容寫下部屬對工作的承諾，在承諾說明寫下立定承諾的原因。
- ▸下方的主管評點及獎懲內容，由直屬主管填寫。
- ▸評分標準可自行設定，並定期公佈，還可作為績效考核的參考。

________信用清單

所屬部門：

承諾內容：

承諾說明：

主管：		評點	

獎懲內容

實施日期：　　　　　　主管簽名：

________信用清單

所屬部門：________

承諾內容：________

承諾說明：________

____

主管：		評點	

獎懲內容

實施日期：　　　　主管簽名：

________信用清單

所屬部門：

承諾內容：

承諾說明：

主管：		評點	

獎懲內容

實施日期：　　　　主管簽名：

壓力清單

範例

造成壓力的來源	重要程度	可刪除延後	由他人完成	提供援助的人	其他備註
專案推行不順	★★★★★	刪除 延後	×	業務部長	安排計畫
每個月存不到三千元	★★★☆☆	刪除 延後	×	×	檢查開支
信件花費過多時間	★★☆☆☆	(刪除) 延後	業務助理	與部長討論業務量	
想出國旅遊	★★★☆☆	刪除 (延後)	×	×	
總和女朋友吵架	★★★★☆	刪除 延後	×	×	加班沒時間見面
想養隻狗	★☆☆☆☆	(刪除) 延後	×	×	自己都養不活了
明天交業務報告	★★★★★	刪除 延後	市場調查交給實習生	業務助理整理資料	
	☆☆☆☆☆	刪除 延後			

- 可參考本書第二課第 065、066 頁。
- 在表格「造成壓力的來源」的空格中寫下你的壓力來源，例如：正在進行的工作、沒有時間完成的旅行等。
- 評斷該事件的重要性，依照「重要程度」塗上星星。
- 判斷是否可以刪除或延後，再圈選「刪除」或「延後」，無法刪除或延後則可不圈選。
- 判斷是否可以交由他人負責，如果可以，請在「由他人完成」空格中寫下人選。
- 判斷是否需要他人協助，如果需要，請在「提供援助的人」寫下人選。
- 可利用「其他備註」填寫你的想法。

壓力清單

造成壓力的來源	重要程度	可刪除 延後	由他人 完成	提供援助 的人	其他 備註
	☆☆☆☆☆	刪除 延後			
	☆☆☆☆☆	刪除 延後			
	☆☆☆☆☆	刪除 延後			
	☆☆☆☆☆	刪除 延後			
	☆☆☆☆☆	刪除 延後			
	☆☆☆☆☆	刪除 延後			
	☆☆☆☆☆	刪除 延後			
	☆☆☆☆☆	刪除 延後			
	☆☆☆☆☆	刪除 延後			
	☆☆☆☆☆	刪除 延後			
	☆☆☆☆☆	刪除 延後			
	☆☆☆☆☆	刪除 延後			
	☆☆☆☆☆	刪除 延後			

壓力清單

造成壓力的來源	重要程度	可刪除 延後	由他人 完成	提供援助 的人	其他 備註
	☆☆☆☆☆	刪除 延後			
	☆☆☆☆☆	刪除 延後			
	☆☆☆☆☆	刪除 延後			
	☆☆☆☆☆	刪除 延後			
	☆☆☆☆☆	刪除 延後			
	☆☆☆☆☆	刪除 延後			
	☆☆☆☆☆	刪除 延後			
	☆☆☆☆☆	刪除 延後			
	☆☆☆☆☆	刪除 延後			
	☆☆☆☆☆	刪除 延後			
	☆☆☆☆☆	刪除 延後			
	☆☆☆☆☆	刪除 延後			
	☆☆☆☆☆	刪除 延後			

壓力清單

造成壓力的來源	重要程度	可刪除 延後	由他人 完成	提供援助 的人	其他 備註
	☆☆☆☆☆	刪除 延後			
	☆☆☆☆☆	刪除 延後			
	☆☆☆☆☆	刪除 延後			
	☆☆☆☆☆	刪除 延後			
	☆☆☆☆☆	刪除 延後			
	☆☆☆☆☆	刪除 延後			
	☆☆☆☆☆	刪除 延後			
	☆☆☆☆☆	刪除 延後			
	☆☆☆☆☆	刪除 延後			
	☆☆☆☆☆	刪除 延後			
	☆☆☆☆☆	刪除 延後			
	☆☆☆☆☆	刪除 延後			
	☆☆☆☆☆	刪除 延後			

意志力鍛鍊清單

範例

本月目標：每天走 1000 步

獎懲	達成率達 90%，去日本旅遊五天

Monday	Tuesday	Wednesday	Thursday	Friday	Saturday	Sunday
	5 / 1 ✓	5 / 2 ✓	5 / 3 ✓	5 / 4 ✓	5 / 5 ✓	5 / 6 ✗
5 / 7 ✗	5 / 8 ✓	5 / 9 ✓	5 / 10 ✓	5 / 11 ✗	5 / 12 ✗	5 / 13 ✗
5 / 14 ✓	5 / 15 ✓	5 / 16 ✓	5 / 17 ✓	5 / 18 ✓	5 / 19 ✓	5 / 20 ✗
5 / 21 ✗	5 / 22 ✓	5 / 23 ✓	5 / 24 ✓	5 / 25 ✓	5 / 26 ✓	5 / 27 ✓
5 / 28 ✓	5 / 29 ✓	5 / 30 ✓	5 / 31 ✓			

本月達成目標天數：24 天

本月未達成目標天數：7 天

本月達成率：24 / 31＝約 77%

達成目標：（×）　下個月再努力

- 可參考本書第二課第 077 到 080 頁。
- 意志力鍛鍊清單只要每天確實完成，不僅可以獲得獎勵，更可以提升你的意志力！
- 在清單上方寫下你想做的事情，例如：每天快走 30 分鐘等。
- 清單上方寫下「獎懲」，設定達成目標後可獲得的獎賞或未完成的懲罰。
- 若當天完成目標，請在當天日期打勾，若沒有做到則打叉。確保每天都可以做到後，即可進行下一個目標。
- 在清單下方計算達成天數及達成率，並且圈選是否達成目標。

意志力鍛鍊清單

本月目標：

獎懲

Monday	Tuesday	Wednesday	Thursday	Friday	Saturday	Sunday

本月達成目標天數：

本月未達成目標天數：

本月達成率：

達成目標：　○　／　×

意志力鍛鍊清單

本月目標：

獎懲

Monday	Tuesday	Wednesday	Thursday	Friday	Saturday	Sunday

本月達成目標天數：

本月未達成目標天數：

本月達成率：

達成目標：　○　／　×

意志力鍛鍊清單

本月目標：

獎懲

Monday	Tuesday	Wednesday	Thursday	Friday	Saturday	Sunday

本月達成目標天數：

本月未達成目標天數：

本月達成率：

達成目標：　○　／　×

社交清單

範例

基本資料

暱稱：史提夫
關係：平面設計美編

(可貼名片)

聯絡號碼／LINE ID：stevedr123
聯絡地址：台北市中正區衡陽路 20 號 3 樓
就職單位：大樂文化

◆ **優點**	◆ **缺點**
修改設計快速 有個人創意、個人風格 版面設計漂亮、細心 作品數多 平面設計經驗長達 20 年	設計費用比較貴 接案較多，時間不易配合 脾氣不好

◆ **備註**
專長 AI、PS 等平面設計

▸參考本書第三課第 105 頁。
▸社交清單幫你管理工作及社交圈的朋友。
▸在基本資料填寫對方的暱稱或姓名，以及與對方的連結。
▸虛線下方可直接貼名片，或填寫對方的聯絡資訊。
▸在優缺點處，填寫對方在合作往來上的優點或缺點。
▸備註欄可自由填寫。

社交清單

基本資料

暱稱：

關係：

（可貼名片）

聯絡號碼／LINE ID：

聯絡地址：

就職單位：

◆ 優點	◆ 缺點

◆ **備註**

社交清單

基本資料	
暱稱： 關係： （可貼名片） 聯絡號碼／LINE ID： 聯絡地址： 就職單位：	
◆ 優點	◆ 缺點
◆ 備註	

社交清單

基本資料

暱稱：
關係：

（可貼名片）

聯絡號碼／LINE ID：
聯絡地址：
就職單位：

◆ 優點	◆ 缺點

◆ 備註

損友清單

範例

	受不了的壞習慣	如何應對？
● 阿輝	明明約定時間，但老是遲到。	對他不必準時，應該也讓他嘗到等待的痛苦。
● 彭特	個性太急躁、太情緒化。	離開他。
● 班納吉	總是抱怨工作過多、時間不夠。給建議他還對我生氣。	聽他說就好，不要多嘴。
● 吳民士	表面上對人客氣，私底下卻到處散播別人的謠言。	遠離這種人，以免哪天變成自己受害。
● 王大陸	成天炫耀他的成就，對於別人的成就則不屑一提。	保持距離，人不犯我，我不犯人。

- 可參考本書第三課第 115、116 頁。
- 損友清單幫你管理生活中總是造成你困擾的朋友。
- 每個項目填寫一位朋友，寫下姓名，以及對方如何造成你的困擾。
- 試著想想這位朋友對你來說真的重要嗎？如果重要，你應該如何解決現在的困擾？如果不重要，你是否可以和他保持距離？
- 如果你試著解決目前的困擾，但沒有改善，請考慮離開這位朋友。

損友清單

受不了的壞習慣	如何應對？
●	

損友清單

受不了的壞習慣　　如何應對？

●

損友清單

受不了的壞習慣	如何應對？
●	

家庭回憶清單

範例

家庭成員姓名：父親　高原

自己填寫事項	其他成員感想
10/15　獲得奇異公司專案	
11/08　衣服口袋找到 1,000 元！	把拔請客！（女兒） 請客！（媽媽）

家庭成員姓名：女兒　高富美

自己填寫事項	其他成員感想
11/02　段考成績全班第 2 名	
12/07　撿到 100 元送到警察局	怎麼不是 1,000 元（兒子）
12/10　聖誕節我想去迪士尼樂園	**我們去迪士尼樂園玩吧！** （媽媽）

- 可參考本書第四課第 128、129 頁。
- 家庭回憶清單讓你和家人，分享全家的回憶及喜怒哀樂。
- 每一表格由一位家庭成員使用，填寫家中成員姓名。
- 在左方空白處填寫日期，以及你想分享的事情和成就。
- 若空白處寫不下，可使用新的一頁。
- 右方可由其他家中成員填寫感想。
- 可搭配照片記錄家庭回憶。

家庭回憶清單

家庭成員姓名：	
自己填寫事項	其他成員感想

家庭成員姓名：	
自己填寫事項	其他成員感想

家庭成員姓名：	
自己填寫事項	其他成員感想

家庭回憶清單

家庭成員姓名：

自己填寫事項	其他成員感想

家庭成員姓名：

自己填寫事項	其他成員感想

家庭成員姓名：

自己填寫事項	其他成員感想

家庭回憶清單

家庭成員姓名：

自己填寫事項	其他成員感想

家庭成員姓名：

自己填寫事項	其他成員感想

家庭成員姓名：

自己填寫事項	其他成員感想

家人吵架清單

範例

填寫人	問題	目前狀況說明	如何解決問題	問題已解決？
媽	誰負責接孩子下課？	4 月份 媽媽 20 天 爸爸 2 天	事先分配接送孩子的日程，另一方也需隨時幫忙	✓
爸	投資理財疑慮	妻子想投資不動產，我想投資外幣基金	尋求銀行理財專員協助，確認投資風險再出手	✓
爸	浴室排水口總被頭髮塞住	女孩子掉髮不清理	每天洗完澡後，自己清理	✓
媽	女兒不想去學校	女兒去學校前常鬧脾氣，而且不肯說出原因		
女兒	老是找不到衣服	洗乾淨的衣服不知道被放到哪邊？	自己的衣服自己收	✓
兒子	媽媽給的零用錢不夠	一週才 100 元	減少花費，或是整理二手物品販賣	✓
兒子	想養寵物	同學家養了狗，我也想養，但爸媽不肯	試著參加動物園遊會？生命教育？	
媽	外婆生病需要人照顧	夫妻工作忙碌，想找看護		

- ▸參考本書第四課第 134 頁。
- ▸吵架清單記錄家人爭吵（或可能引起爭吵）的原因，家人都可以填寫。
- ▸請寫下填寫人姓名。在「問題」寫下（可能）造成爭吵的原因，並且寫下「狀況說明」。
- ▸冷靜地思考，在「如何解決問題」處寫下你的解決方法，並且與對方討論。
- ▸確認問題已解決後，請在「問題是否已解決」打勾。
- ▸吵架只能讓問題浮出檯面，請記得爭吵後也要努力解決問題。

家人吵架清單

填寫人	問題	目前狀況說明	如何解決問題	問題已解決？

家人吵架清單

填寫人	問題	目前狀況說明	如何解決問題	問題已解決？

家人吵架清單

填寫人	問題	目前狀況說明	如何解決問題	問題已解決？

每日作息清單

範例

時間	每日作息	完成
09：10～09：30	部門晨會	✓
13：30～14：00	提交公文	
16：00～16：20	休息十分鐘，放鬆雙眼	✓
17：00～17：10	報告業務進度	✓
20：40～21：00	在住家附近散步快走	
23：50～24：00	確認公司網站更新狀況	✓
：～：		
：～：		
：～：		
：～：		

- 可參考本書第五課第 168 到 173 頁。
- 作息清單幫你養成良好作息的習慣。
- 不要填寫過度理想的時間安排，請填寫你現在正在實行的習慣，或是想要養成的作息。
- 請在「時間」填寫既定作息的時間。
- 請在「每日作息」填寫每一項既定作息。
- 保留自由時間，以便更靈活運用時間安排。

每日作息清單

時間	每日作息	完成
： ～ ：		
： ～ ：		
： ～ ：		
： ～ ：		
： ～ ：		
： ～ ：		
： ～ ：		
： ～ ：		
： ～ ：		
： ～ ：		
： ～ ：		
： ～ ：		
： ～ ：		

每日作息清單

時間	每日作息	完成
： ～ ：		
： ～ ：		
： ～ ：		
： ～ ：		
： ～ ：		
： ～ ：		
： ～ ：		
： ～ ：		
： ～ ：		
： ～ ：		
： ～ ：		
： ～ ：		
： ～ ：		

每日作息清單

時間	每日作息	完成
:　～　:		
:　～　:		
:　～　:		
:　～　:		
:　～　:		
:　～　:		
:　～　:		
:　～　:		
:　～　:		
:　～　:		
:　～　:		
:　～　:		
:　～　:		

假期清單

範例

日期：2018.04.03～04.05

本次假期目的地：日本大阪奈良

【第　1　天】

上午 收行李　8：30 前往台北車站搭乘機場捷運

下午 桃園機場 12：40 → 大阪關西機場 17：00
阿倍野 HARUKAS 欣賞夜景

住宿地點：Hotel Osaka

【第　2　天】

上午 9：00 前往大阪環球影城

下午 整日在環球影城玩樂

住宿地點：Hotel Osaka

【第　3　天】

上午 前往奈良　東大寺、春日大社
參觀完回到大阪吃午餐

下午 大阪購物
20：00 搭車前往機場
大阪關西機場 23：00 → 桃園機場 01：00

住宿地點：Home

- ▸可參考本書第五課第 176 到 178 頁。
- ▸假期清單讓你依照假期目的地，安排假期活動。
- ▸請先在清單上方填寫本次假期的目的地。
- ▸分別填寫「第一天」、「第二天」等的活動安排。
- ▸分別寫出上午、下午的活動安排。
- ▸若須過夜，可填寫住宿地點，以便聯絡或緊急狀況。
- ▸假期是放鬆平日心情的最佳時機，別把假期計畫安排太過緊湊。

假期清單

日期：

本次假期目的地：

【第　　天】

上午

下午

住宿地點：

【第　　天】

上午

下午

住宿地點：

【第　　天】

上午

下午

住宿地點：

【第　　天】

上午

下午

住宿地點：

假期清單

日期：

本次假期目的地：

【第　　天】

上午

下午

住宿地點：

【第　　天】

上午

下午

住宿地點：

【第　　天】

上午

下午

住宿地點：

【第　　天】

上午

下午

住宿地點：

假期清單

日期：

本次假期目的地：

【第　　天】

上午

下午

住宿地點：

【第　　天】

上午

下午

住宿地點：

【第　　天】

上午

下午

住宿地點：

【第　　天】

上午

下午

住宿地點：

出國基本行李清單

範例

日期：2018.04.03～04.05　目的地：日本

必帶物品					
✓	手機	✓	手機充電器	✓	Wi-Fi 機/當地 SIM 卡
✓	護照	✓	家用鑰匙	✓	錢包
✓	身分證件	✓	台幣	✓	外幣
輸入手機的資訊					
✓	機票訂位代號	✓	住宿地址、電話	✓	行程表
手提行李					
✓	行動電源	✓	化妝品、化妝包	✓	面紙、手帕
✘	折傘（各國規定不同）	✓	水瓶	✓	個人藥品
托運行李					
✓	盥洗衣物 _5_ 套	✘	生理用品	✘	隱形眼鏡、藥水
✓	沐浴乳	✓	洗髮乳	✓	護髮乳
✓	牙膏、牙刷	✓	洗面乳	✓	毛巾
✓	乳液、化妝水	✓	卸妝用品	✓	保養品

- 可參考本書第五課第 184 到 188 頁。
- 準備出國行李基本清單，完成後在左側空格打勾。
- 請先準備好必帶物品，首先放入手提行李包。
- 將機票代號、住宿地址、電話，行程表輸入手機，可以幫你減輕行李。
- 手提行李依個人需求準備，完成後放入手提行李包。
- 托運行李依個人需求進行調整，可攜帶試用包或是可在當地用完丟棄的用量。

出國基本行李清單

日期：　　　　目的地：

	必帶物品				
	手機		手機充電器		Wi-Fi 機/當地 SIM 卡
	護照		家用鑰匙		錢包
	身分證件		台幣		外幣
	輸入手機的資訊				
	機票訂位代號		住宿地址、電話		行程表
	手提行李				
	行動電源		化妝品、化妝包		面紙、手帕
	折傘（各國規定不同）		水瓶		個人藥品
	托運行李				
	盥洗衣物 ___ 套		生理用品		隱形眼鏡、藥水
	沐浴乳		洗髮乳		護髮乳
	牙膏、牙刷		洗面乳		毛巾
	乳液、化妝水		卸妝用品		保養品

出國基本行李清單

日期： **目的地：**

	必帶物品				
	手機		手機充電器		Wi-Fi 機/當地 SIM 卡
	護照		家用鑰匙		錢包
	身分證件		台幣		外幣
	輸入手機的資訊				
	機票訂位代號		住宿地址、電話		行程表
	手提行李				
	行動電源		化妝品、化妝包		面紙、手帕
	折傘（各國規定不同）		水瓶		個人藥品
	托運行李				
	盥洗衣物 ___ 套		生理用品		隱形眼鏡、藥水
	沐浴乳		洗髮乳		護髮乳
	牙膏、牙刷		洗面乳		毛巾
	乳液、化妝水		卸妝用品		保養品

出國基本行李清單

日期：　　　　　　　　　　目的地：

必帶物品					
輸入手機的資訊					
手提行李					
托運行李					

NOTE

/ / /

NOTE

/ / /

國家圖書館出版品預行編目(CIP)資料

大腦習慣正能量思考：透過華盛頓州立大學的 5 堂人際關係課，解決你「焦慮」的最強武器！ / 高原著. -- 臺北市：大樂文化，2018.06
面；　公分. --（UB；33）
ISBN 978-986-96446-4-8（平裝）

1. 目標管理　2. 職場成功法

494.17　　107008075

UB 033

大腦習慣正能量思考

透過華盛頓州立大學的 5 堂人際關係課，解決你「焦慮」的最強武器！

作　　者／高　原
封面設計／蕭壽佳
內頁排版／顏麟驊
責任編輯／林嘉柔
主　　編／皮海屏
圖書企劃／張硯甯
發行專員／劉怡安
會計經理／陳碧蘭
發行經理／高世權、呂和儒
總編輯、總經理／蔡連壽

出 版 者／大樂文化有限公司（優渥誌）
台北市 100 衡陽路 20 號 3 樓
電話：（02）2389-8972
傳真：（02）2388-8286
詢問購書相關資訊請洽：2389-8972
郵政劃撥帳號／50211045　戶名／大樂文化有限公司

香港發行／豐達出版發行有限公司
地址：香港柴灣永泰道 70 號柴灣工業城 2 期 1805 室
電話：852-2172 6513　傳真：852-2172 4355

法律顧問／第一國際法律事務所余淑杏律師
印　　刷／韋懋實業有限公司

出版日期／2018 年 6 月 25 日
定　　價／280 元（缺頁或損毀的書，請寄回更換）
I S B N　978-986-96446-4-8

本著作物由北京文通天下圖書有限公司授權出版，發行中文繁體字版。
原著簡體版書名為《聰明人都是清單控》。

優渥叢書

優渥叢書